浙商最獨特的創業經商思維

中國的猶太商人

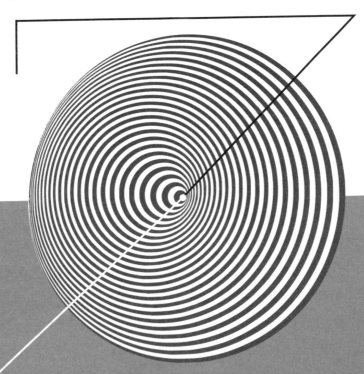

「浙商」憑什麼崛起並做到立於商海而不倒？
是什麼樣的創業思維讓他們不斷壯大？

呂叔春◎編著

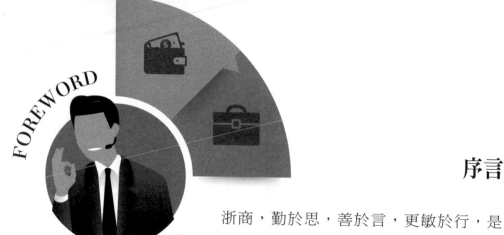

序言

　　浙商，勤於思，善於言，更敏於行，是浙江的一大財富，更是中國的一大財富。有人比喻，浙商就是中國的「猶太商人」。毫不誇張地說，「浙商」是當今中國人氣最旺的創富商幫。在中國，哪裡有生意，哪裡就有浙江商人，似乎他們走到哪裡，哪裡的商業活動就活躍起來，他們聚到哪裡，哪裡的經濟就繁榮起來。

　　正所謂「無浙不成市」，哪裡有市場，哪裡就有浙江人，可以說，「浙商」是當今中國人氣最旺的創富商幫。

　　目前，浙商已經成為中國商界一股重要的力量，他們走南闖北，不僅在全國各地表現出了極大的競爭力，而且在海外的名聲也越來越響。他們人數之多，比例之高，分佈之廣，行業之寬，影響之大，不得不引起人們的思考，「浙商」憑什麼崛起並做到立於商海而不倒？是什麼樣的創業思維讓他們不斷壯大？

　　經濟學家李興山說：「浙江人有著強烈的自我創業、自我發展的欲望，有著深厚的務工經商傳統和商品經濟意識，有著百折不撓、自強不息的艱苦創業精神。憑著這股精神，浙江經濟細胞不斷裂變，發展水準不斷提高，使得一些原本是掌鞋的、打鐵的、縫衣服的普通勞動者變成了百萬富翁、千萬富翁，成長為國

內著名、世界知名的企業家。」

　　浙商時刻觀察著政治經濟局勢，洞察著身邊的商機；他們從不相信口頭承諾，非常重視合約；在合作夥伴的選擇上，他們向來都是慎之又慎；做事方面，他們總是量力而行，有把握贏，他們會堅持做下去，輸不起，他們會退而求穩；運籌帷幄，摸清對方底牌，卻不輕易亮自己的底牌；他們腳踏實地，從一分一毛賺起；他們注重商業機密，從不忽視商業細節；他們借勢經營自己，但絕不會過河拆橋；他們走南闖北，敢想敢做，勇於開拓；他們越有錢越節儉，越出名越低調；他們認為，在利益與發展衝突的時候，發展更重要；他們以德經商，誠信經營，信譽至上；他們雖膽大，但心細；他們追求贏，但更追求穩……

　　是什麼樣的思維，讓他們創造了那麼多的財富神話？

　　浙江商人有「草根浙商」之稱，正是這種草根精神讓他們有了以上獨特的創業經商思維。因為浙江的企業家或富豪大都出身平凡，沒有家族背景，沒有資金，全靠自己白手起家，因而他們的創業經商思維最具可學性，也最容易模仿，本書意在帶讀者走進浙商的思維世界，看看他們是用怎樣的經商哲學創造財富的。

　　像浙商一樣思考，你也能成就屬於自己的商業夢想！相信，浙商贏家的思維定會讓有志於創業經商的人得到重要的啟發。

C O N

CHAPTER

1 注重合約，
　　謹防商業騙局

1 簽約為了雙贏 016

2 別把真誠當天真，商場騙子要提防 019

CHAPTER

2 合作夥伴很重要，
　　慎重選擇為上策

1 不要輕信與你合作的人 024

2 抱團打天下，不可忽視的家族力量 026

3 跟同行合作，攜手雙贏 029

4 利益面前看友情 032

CHAPTER

3 贏得起一定做，
輸不起不要做

1 算好勝算的成本，輸不起就放棄 038

2 覺得贏得起，就堅持到底 041

3 量力而行，不做做不到的事 044

4 靈活經商，正確進退 048

5 想清楚自己要做什麼，再動手 051

CHAPTER

4 運籌帷幄做生意，
精心佈局巧經營

1 運籌帷幄，高調亮出底牌 054

2 慎重選擇投資專案 056

3 危機防範，考驗企業家的預見能力 058

4 企業發展要把準宏觀脈搏 060

C O N

CHAPTER 5

做生意別貪大，
從小錢賺起

1 一顆鈕釦的價值 064

2 小香菇也能撐起「半邊天」 067

3 小買賣中蘊藏的大商機 069

4 小商品做大市場 073

CHAPTER 6

商業細節不忽視，
小心駛得萬年船

1 防範之心不可無 078

2 小心！親密並非無間 080

3 封閉流通管道 082

4 做好防範工作，消除隱患 084

目錄

CONTENTS

CHAPTER 7

權衡關係與利益，
理智要戰勝情感

1 生意就是生意，別摻雜情感 088

2 商業團隊別出現家庭成員 091

3 打破家族企業，建立現代企業制度 093

4 舉賢避親，任人唯賢 096

5 實事求是，不以貌取人 099

6 朋友和金錢之間要有界線 101

CHAPTER 8

經商也要重義氣，
不要過河就拆橋

1 「分享」才能更快地發展 106

2 主動幫助你的「貴人」 109

3 重義的浙商 112

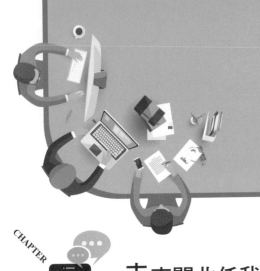

C O N

CHAPTER

9

走南闖北任我行， 敢於冒險才能贏

1 哪裡有生意，哪裡就有浙商 116

2 險中求穩，勇於開拓新路 120

3 擁有高「膽商」的商人 123

4 膽大包天的王均瑤 127

5 具有特色才會贏 130

CHAPTER

10

關係就是金錢， 做生意要靠人脈

1 與媒體搞好關係 134

2 先予後取，做大自己的名聲 137

3 和新老客戶搞好關係 140

目錄

CHAPTER 11

謹記天外有天，
做人要低調

1 得意之時不張揚...144

2 生意場中的「隱形人」...148

3 越有錢，越要節儉...152

4 可以「財大」，但不要「氣粗」.........155

5 財富不是人生的目標...158

CHAPTER 12

別太在乎眼前的利，
發展更重要

1 利益與發展之爭，發展勝.............................162

2 面對利益得失要進退有度.........................165

3 吃點虧也無妨...168

4 名氣更重要，利益為其次.........................172

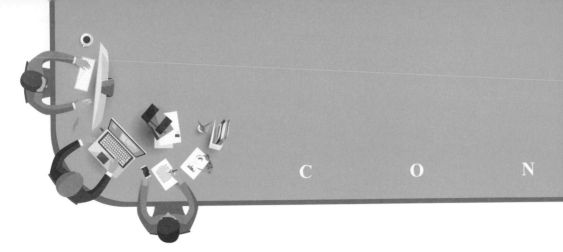

C　　　O　　　N

5 拋開利益也是獲得利益的關鍵 175

6 勿因小失大 178

CHAPTER

13

總結身邊的成敗，
取長補短謀發展

1 本土案例是最好的教科書 182

2 模仿重要，學習精髓更重要 187

3 先取道海外，再自主創新 191

4 企業要發展，學習要繼續 194

5 知不足而後學的浙商 197

目錄

CHAPTER

14

以德經商，
小惡萬萬不可為

1 應避免市場惡性競爭 202

2 賺自己的錢，不貪不義之財 205

3 商人，要有所為有所不為 207

4 正道經營才會長久獲利 209

5 君子愛財，取之有道 211

CHAPTER

15

不必事必躬親，
以人為本精管理

1 精於企業管理是浙商的特色 214

2 給每一位員工成為老闆的機會 218

3 老闆充分授權，員工實現價值 221

4 給員工自由發揮的機會 225

5 做一個會「偷懶」的主管 227

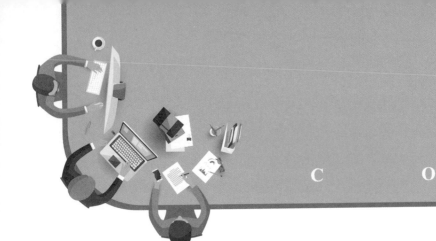

C O N

CHAPTER

16

誠信經營，
信譽至上

1 誠信危機下的思考 230

2 信譽至上就是金字招牌 233

3 誠信是經商之本 236

4 向浙商學誠信 239

5 不做一次生意 242

6 重信守約，堅守承諾 244

CHAPTER

17

好風憑藉力，
借別人的勢經營自己

1 聞風而動，借風而行的浙商 248

2 在合作中實現「借勢」 253

目錄

3 會借也要會用，優勢互補是上策 255

4 社交中的借勢理論 258

5 「經營」好自己的靠山 260

6 看好政治晴雨表，順勢而行 266

CHAPTER

18 穩中求勝是上策，
未雨綢繆留後路

1 經商要穩，先盤算後動手 270

2 生意未做，預測在先 273

3 有膽且有識的浙商 275

4 既要膽大，又要心細 277

5 做最好的準備，也要做最壞的打算 280

注重合約
謹防商業騙局

「作為商人，一定要謹慎對待要簽署
的合約，做好了調查，或商討了可行
性以後再做最後的決定也不遲。」

娃哈哈集團董事長　宗慶後

商場是複雜的，充滿了爾虞我詐、勾心鬥角，商業道德對有些商人來說根本就是天方夜談。為了牟取利益，不擇手段地設下商業騙局的商人比比皆是。在這種環境中浙商依然能夠求穩坐青山，就是因為他們重視合約的力量，從不相信口頭承諾。正因如此，浙企才避免了諸多不利因素所形成的商業風險和商業危機。

1 簽約為了雙贏

沒有利益就沒有成功的合作。雙贏，是所有商人尋求合作夥伴的前提，浙商也是如此。

浙商認為，如果生意雙方在立場上爭執不休，那麼將難以達到各自的目的，且因為不同立場給雙方製造隔閡。要想使生意成功，雙方必須著眼於實現共同利益上，這才是生意雙方的基本動力和最終目的。

所以，很多時候合約往往只能調和雙方利益，而不可能調和雙方立場。但是要注意的是，任何一種利益，滿足的方式有多種，這樣不行，說不定那樣就可以。多數的情形下，合作雙方想要的不過是一項承諾。這個時候，浙商的普遍做法是設法提供幾項可能的協議，在合約洽談過程中一一提出。從最簡單的可能方案入手，然後擬出幾種可能性的選擇。在腦海中提前預測一下，

對方會同意哪些條件，對雙方都具有吸引力的是哪些，這樣才可能拿出一份令雙方都滿意又令對方更容易履行的協議。

另外，談生意雙方的共同性利益往往大於衝突性利益，所以一定要本著雙贏的目的談判才可能解決談判過程中的矛盾。

我們往往因為對方與我們的立場相悖，就認為對方與我們存在不可調和的衝突；如果我們不讓對方侵犯利益，對方就一定想來侵犯。這也是一種商業慣性。但在許多生意談判中，只要深入審視潛藏的利益，就可以發現，雙方的共同性利益要比衝突性利益多得多。

這和許多浙商談生意一樣，圓滿的合約之所以有達成的可能，正是因為每一方所要求的是「不同」的東西。浙商普遍瞭解了這一點，因此才能找到自己最需要最合適的合作夥伴。在浙商簽訂的合約中，90％是基於「不一致」而達成的。想法的差異，是達成交易的基礎。許多創造性的協定，都顯示出「透過歧異達成協議」這一原則。

在利益和想法上的歧異，可以使浙商獲得更大的實際收益，而對另一方的損失也不大。簽約為了雙贏，是浙商與人合作的前提，但協調雙方利益的差異性也是其中重要的環節。

浙商協調雙方利益的第一個訣竅是：擬定一些本身可以接受的選擇方案，然後徵詢對方偏好哪一項，再細分對方偏好的那項選擇方案，將之分為兩種以上的不同方式，再請對方選擇。在利益上、次序上、信念上、預測上以及對風險抱持的態度上有差異，正是雙方可以「契合」之處。因此，浙江生意人的座右銘是：一切因為差異。

　　協調雙方利益可以把雙方的注意力都放在合約談判的內容上。現在你正在設法尋找可以改變對方抉擇的各種選擇方案，以便對方做出滿意的決定。在這一階段中，浙商會把注意力放在具體決定的內容上。之所以如此細緻的對待合約，因為很多共同利益在你看來，也許言之有理，但若是從對方的角度看，就知道必須提出更令人信服的理由才說得過去，才可能達成真正意義上的雙贏。

　　最後，浙商對協調雙方的利益表現出樂於接受的態度，也認為公正是惟一的保證。所以，他們並不反對在合約簽訂好之後追加對雙方皆有益處的附加條款。「簽約，為了雙贏」是他們合作的信條。

② 別把真誠當天真，商場騙子要提防

　　浙江商人都知道，在商場裡打拚，要時刻提防被人騙。仔細研究被騙的人，他們大多是疏忽大意或誘惑太大使然，要預防被騙還要從自身做起，遇什麼事都要冷靜下來想一想，並虛心向別人請教，你就會發現騙子的蛛絲馬跡，就不至於被騙了。

　　以下例子可供借鑒：

　　四月初的一天，寧波某縣農副土產開發公司經理辦公室進來了一位三十多歲、操廣東口音的中年人。來者自稱是廣東某縣一家公司的業務主辦人員，姓金，邊說邊遞過來名片和介紹信。敬菸落座之後，他向公司陳經理說需要 4 萬條包裝麻袋，請求支援云云。

　　見大生意上門，正在為如何扭虧為盈而犯愁的陳經理一下子有了精神，一口應承下來。不巧，公司倉庫裡只有 2000 多條。「金主辦」說：「2000 條可不夠，我們是跟越南做的邊貿大生意……」陳經理與「金主辦」談了很久，商定由土產開發公司馬上組織貨源，兩個月後再來提貨。雙方當即以每條 3 元人民幣的價格簽訂了購銷合約。

　　陳經理既喜又憂，喜的是天上掉下來一筆好買賣，憂的是僅憑合約組織貨源，若對方有變怎辦？「金主辦」似乎看出陳經理的心思，馬上拿出 3800 人民幣訂金。陳經理這下可放心了。

　　晚宴上，陳經理與「金主辦」推杯換盞中儼然一對親弟兄。

　　「金主辦」走後，陳經理派人四方調集麻袋，所到之處不是

沒有這麼多存貨就是價格不能接受，陳經理萬分心急。

約一個月後，外省一家貿易公司經理上門談黃豆業務，所呈的「可供商品一覽表」中有一欄使陳經理喜笑顏開——可供麻袋6萬條。批發價2.8人民幣，雖然貴點，但轉手快還是划得來。陳經理暗喜，真是得來全不費工夫！而黃豆的事丟在了一邊。現款現貨，幾天之後，4萬條麻袋運到了土產公司倉庫裡。

陳經理趕忙給「金主辦」去電通知其儘快提貨，但因空號連絡不上，派人到廣東一打聽，當地根本沒有這個公司，更是沒有「金主辦」這個人。

原來，外省那家貿易公司由於經營不善，積壓了大批麻袋，四處推銷無著，故用曾在廣東長住的「金主辦」設了這一圈套。真是越冷越吹風，陳經理空喜一場不說，庫存又多了9萬人民幣積壓，銀行利息猛增，這幾萬條麻袋何時才能賣得出去呢？

有時候，表面看上去是商機，其實是一個大陷阱，如果陳經理在事後仔細察對一下「金主辦」的身分，在突至眼前的生意面前沉著、冷靜，也許就不會上當受騙了。

另一個例子也是類似的情況：

那是個不尋常的一天，溫州市某縣農資公司農藥倉庫保管員小李做夢也沒想到，騙子輕輕鬆鬆地從自己手中騙走了價值4萬餘人民幣的鉀胺磷，而自己竟笑臉迎送。

這家農資公司的農藥倉庫設在城郊的公路邊，離公司大樓約兩公里。那天上午小李在倉庫裡忙著發貨，大門口來了位個子高高的、自稱是廣西來的人，這人出示了一張某市農技推廣站的介

紹信，說要幾噸鉀胺磷。小李說有貨，到公司開票付現款便可提貨，當時並不在意。

下午四點多，倉庫開進一輛大卡車，那個高個子廣西人手裡拿著一張 3000 公斤的鉀胺磷提貨單急匆匆地趕來提貨。小李正忙著收拾準備下班，草草地看了提貨單便發了貨。

事發後一段時間，公司核對庫存時，才發現問題。可事情已過很久了。

原來，那個高個子廣西人上午跟小李說要幾噸鉀胺磷，可他到公司開票時只買了 30 公斤，然後用「退字靈」藥水（即立可白、修正液）把提貨聯上的數量和金額塗掉，改成 3000 公斤，利用開票與發貨地距離太遠、聯絡不便和臨近下班時間等可乘之機，輕而易舉地騙走 2970 公斤鉀胺磷。狡猾的犯罪份子在運輸途中多次換車承運，所用的介紹信也純屬假造，司法機關無從追查贓物的下落。此案一時成了無頭公案。

合作夥伴很重要
慎重選擇為上策

「天下的飯，一個人是吃不完的，只有聯絡同行，要他們跟著自己走，才能行得通。」

浙江紅頂商人　胡雪巖

　　個人的力量畢竟是弱小的，我們都渴望有能夠和我們聯手開創事業的夥伴，但是大千世界，芸芸眾生，並不是每個人都適合做我們經商的合作夥伴。對於浙商來說，每一次選擇合作夥伴就像選擇終身伴侶一樣，一定會在瞭解自己，又瞭解對方的前提下，和志同道合的人一起打拼。他們的原則是，寧可不選，不可錯選。

1 不要輕信與你合作的人

　　浙商都是在生意中找準人，他們不僅懂得尋找靠山和合作夥伴，同時還懂得不能產生依賴的想法。畢竟，即使是最好的朋友，甚至是至親也不能完全倚賴。所以他們總是給自己留一手，因為人心防不勝防，有防人之心就可應對突如其來的變故。

　　所有的浙江商人都懂得，對於瞬息萬變、風雲莫測的商場來說，在相信的同時應該慎之又慎。虛假的需求資訊、深藏欺詐的報價、吹得天花亂墜的廣告，都是防不勝防的陷阱，若沒有防備之心，隨時可能血本無歸。

　　孫子兵法有云：「知己知彼，百戰不殆。」尤其是與人合作，浙商永遠把這一古訓牢記在心裡。他們永遠對對手保持警惕和戒備，隨時隨地密切注意對手的情況，如果不把對方情況弄個水落石出，就倉促與對方合作做生意，將是十分危險的。

　　據資深的廚師說，每條魚的紋路都不一樣，從魚的外觀可以分辨出魚的味道，而我們多數人在和對手打交道很長一段時間後，仍然對對手的情況知之甚少，而且還缺少對他們瞭解的好奇心，這樣粗枝大葉地做生意，又怎麼能指望獲得全面的勝利呢！

　　還有的人對所謂的「信用」過分依賴。不錯，越來越多人懂得建設良好的信用，將信用作為自己的招牌。但面對一兩次的信用，絕不能掉以輕心，所謂兵不厭詐。那些會算計的人和高明的騙子都知道這個道理，很可能剛開始在你面前顯示的幾次信用不過是誘你步入深淵的一個詐術。

　　浙江商人認為，在做生意的時候，即使成功地與對方合作了一次，並不意味著下一次就有保證，人家不一定會因此信任你，你不必指望他會給你帶來多大的好處，同時，你也不能因此信任對方。像浙商一樣思考，你的安全係數就會提高。

2 抱團打天下，不可忽視的家族力量

一個人在開始創業的時候，極需要忠誠的人來輔助他、支持他，而家族成員此時是最好的選擇。因此，浙江人向來習慣於在創業初期與家族合作，獲得最可靠的幫助。更何況讓一個外人掌握企業的核心機密，是很危險的，因為他完全可以隨時一走了之，而對於你來說，損失卻是慘重的，企業會處於極端的不穩定當中。

力帆集團尹明善就有過忽視家族力量的遺憾。

在創業之初，尹明善的一個合夥人是他的學生。最開始，這位學生非常忠誠，沒有任何背叛的舉動，尹明善也非常相信他，任他以要職。可是兩年後的一天，這位學生抱著一只箱子來找尹明善，告訴他裡面都是公司的機密檔案，要求他拿 100 萬人民幣來換。憤怒的尹明善當然沒有答應。但是，接下來的官司卻讓尹明善花費了五年的時間和無數的精力，物質上的代價也達上千萬。

可見，創業之初，合作者的忠誠比什麼都重要。所以，我們通常發現，浙商在開始創業的時候都是任人唯親、用人唯情的，但如果一直堅持這種做法，很可能形成奴才大於天才的現象，導致企業永遠長不大。所以，有經驗的浙商在選擇合作夥伴的時候，都是賢親並舉，任人唯親是為了求穩定，任人唯賢是為了求發展。

許多浙商在剛開始創業的時候，都採用家庭作坊的形式，尤其是溫州商人。

他們住在最便宜的房間裡，裡面不僅有設備，還有吃飯的桌子，睡覺的床。他們不在乎居住條件的簡陋，不在乎開工廠設備的簡單，在他們的心中，只有一個夢想，那就是努力工作，把小作坊做大。

他們的員工，有些是夫妻，有些是兄弟，有些是姐妹，也有些是同鄉合夥，因為他們知道家族力量在創業初期的強大。隨著小作坊的不斷壯大，他們的家族力量也不斷增強。最終，小作坊成了家族企業。

家族式企業最主要的特點，是產權由家族的主要成員，或者是有血緣關係的成員來控制的。

如挺宇集團，僅靠 2000 人民幣起家，目前已經做到了幾億人民幣的規模。但是，挺宇集團內所有重要的職位都是挺宇家族的人佔據著。董事長潘挺宇稱，一個企業，最佳的合作夥伴就是家族成員，現在挺宇公司的總經理是他的大女兒，副總經理是他的兒子，同時兼管技術，財務歸他小女兒管，而小女婿的職位也是總經理。

巴黎飛天公司總經理張遠亮，在初創業時租的就是那種最便宜的頂層小閣樓，工人是回鄉找的親戚朋友。那些來巴黎的溫州人幾乎都是這樣：不斷從家鄉找來兄弟姐妹一起做，所以很多人出來的時候孑然一身，回鄉探親時已經是妻兒親戚十幾口人。

可見，在企業創立早期，家族式管理在企業發展過程中起了

不可估量的推動作用。家庭成員的自我約束、自我犧牲精神，有利於增強企業的凝聚力。可以說是創業初期最好的合作夥伴。

　　而且，對於中小城市中的企業來說，要招聘到優秀的人才是很不容易的，因此，家族成員成了浙商最可靠的創業合作夥伴，家族式管理的體制成了浙商創業初期企業選擇的最佳管理體制。

3 跟同行合作，攜手雙贏

　　清末著名的商人胡雪巖能成為紅極一時的「紅頂商人」。除了其精明的經商手段外，還在於他懂得合作的重要性。胡雪巖常對幫他做事的人說：「天下的飯，一個人是吃不完的，只有聯絡同行，要他們跟著自己走，才能行得通。所以，撿現成要看看，於人無損的現成好撿，不然就是搶人家的好處。要將心比心，自己設身處地，為別人想一想。」胡雪巖是這麼說的，更是這麼做的，他的商德之所以為人稱道，很重要的一點，就是在面對你死我活的激烈競爭時，做到了一般商人難以做到的：不搶同行的飯碗。

　　胡雪巖準備開辦阜康錢莊，當他告訴信和錢莊的張胖子「自己弄個號子」的時候，張胖子雖然嘴裡說著「好啊」，但聲音中明顯帶有情緒。為什麼呢？因為在胡雪巖幫王有齡調運漕米這件事上，信和錢莊之所以全力墊款幫忙，就是想拉海運局這個大客戶，現在胡雪巖要開錢莊，張胖子自然會擔心丟掉海運局的生意。

　　為了消除張胖子的疑慮，胡雪巖明確表態：「你放心！『兔子不吃窩邊草』，要是有這個心思，我也不會第一個就來告訴你。海運局的往來照常歸信和，我另打路子。」

　　「噢！」張胖子不太放心地問道：「你怎麼打法？」

　　「這要慢慢來。總而言之一句話，信和的路子，我一定讓開。」

　　張胖子聽了後便很坦率地對胡雪巖說：「你的為人我信得

過。你肯讓一步，我欠你的情，有什麼忙好幫，只要我辦得到，一定盡心盡力！」在胡雪巖以後的經商生涯中，信和錢莊給了他很大的幫助，這都要歸功於他當初沒有搶信和生意的那份情誼。

甚至對於利潤極豐的軍火生意，胡雪巖也都是抱著「寧可拋卻銀子，絕不得罪同行」的準則。軍火生意利潤大，風險也大，要想吃這碗軍火飯並不是一件容易的事。胡雪巖憑藉他已有的官場勢力和商業基礎，並且依靠他在漕幫的勢力，很快便在軍火生意上打開了門路，著實做了幾筆大生意。這樣，胡雪巖在軍火界也成了一個頭面人物了。

一次，胡雪巖打聽到一個消息，說是外商又運進了一批性能先進、裝備精良的軍火。消息馬上得到進一步的確定，胡雪巖知道這又是一筆好生意，做成一定大有賺頭。他馬上找到外商聯繫，憑藉他老道的經驗、高明的手腕，以及他在軍火界的良好信譽和聲望，胡雪巖很快就把這批軍火生意搞定。

然而，正當胡雪巖春風得意之時，卻聽到有人指責他做生意不講道義。原來外商此前已把這批軍火以低於胡雪巖出的價格，擬定賣給軍火界的另一位同行，只是在那位同行還沒有付款取貨時，就被胡雪巖以較高的價格買走，使那位同行喪失了幾乎穩拿的賺錢機會。

胡雪巖聽說這事後，隨即找來那位同行，商量如何處理這件事。那位同行知道胡雪巖在軍火界的影響，怕胡雪巖在以後的生意中為難自己，所以就不好開列什麼條件，只是推說這筆生意既然讓胡老闆做成了就算了，只希望以後留碗飯給他們吃。

事情似乎到這一步就可以這麼輕易地解決了，但胡雪巖卻不然，他主動要求那位同行把這批軍火以與外商談好的價格「賣」

給胡，這樣那位同行就吃個差價，而不需出錢，更不用擔任何風險。事情一談妥，胡雪巖馬上把差價補貼給了那位同行，胡雪巖的這一做法不僅令那位同行甚為佩服，就連其他同行也都非常欽佩。

　　如此協商不僅一舉三得，而且胡雪巖照樣做成了這筆好買賣；既沒有得罪那位同行，又博得了那位同行衷心的好感，在同業中聲譽更高。這種通達變通的手腕日益鞏固了胡雪巖在商界中的地位，成了他在商界縱橫馳騁的法寶。

　　「不搶人之美」是胡雪巖做人處事方式的基本準則。他一直恪守這一準則，不僅在商場，就是周旋官場也是如此。

　　胡雪巖在外經商多年，儘管自己不願意做官，但和場面上的人物來往，身上沒有功名顯得身分低微，這才花錢買了個頂戴。後來王有齡身兼三大職務，顧不了杭州城裡的海運局，正好胡雪巖捐官成功，王有齡就說要委任胡雪巖為海運局委員，等於王有齡在海運局的代理人。

　　對此，胡雪巖以為不可。他的道理也很簡單，但一般人就是辦不到，其中關鍵，在於**胡雪巖會退一步為別人著想**。胡雪巖告訴王有齡，海運局裡原來有個周委員，資格老、輩分高，按常理王有齡卸任，應由周委員替代才是，如果自己貿然坐上這個位子，等於搶了周委員應得的好處。反正周委員已經被他收服，如果由周委員代理當家，凡事肯定會與胡雪巖商量，等於還是胡雪巖幕後代理。既然如此，就應該把代理的職位讓給周委員。

　　這樣一來，胡雪巖既避免了將周委員的好處搶去，也避免了為自己樹敵。所以說，他的「捨」實在是極有眼光、有見地的高明之舉。

胡雪巖不搶同行的飯碗，並非回避競爭與衝突，而是捨去近利，保留交情，以和為貴，從而帶來更長遠、更巨大的商業利益。

大自然中，弱肉強食是較為普遍的現象。但人類社會與動物界不同，個人和個人之間、團體和個體之間的依存關係相當緊密，除了戰爭之外，任何「你死我活」或「你活我死」都是不利的。

經商做生意也宜採用「雙贏」的策略，這倒不是看輕你的實力，而是為了現實的需要，其實，以相互合作為基石，在經商中最佳的使用結果就是在收益時實現「雙贏」。

俗話說：「三十年河東，三十年河西。」你的「單贏」策略將引起對方的憤恨，成為你潛在的危機，從此陷入冤冤相報的惡性循環裡。在進行爭鬥的過程當中，也有可能發生意外的情況，而這會影響本是強者的你，使你反勝為敗！

所以無論從什麼角度來看，那種「你死我活」的爭鬥在實質利益、長遠利益上來看都是不利的，因此你應該活用「雙贏」的策略，彼此相依相存。

在商業利益上，講求「有錢大家賺」，對於商人來說，「雙贏」才是最佳經商之道。

4 利益面前看友情

有很多人認為和朋友一起合作，風險會降低不少。因為大家都互相瞭解，彼此之間知道底限，有什麼問題也可以協商解決，與朋友合作總比和陌生人合作要好得多。所以，他們在選取合作夥伴時首先從自己的朋友圈子裡找合適者。不過，浙商選擇朋友當商業夥伴時，也會非常慎重，畢竟成也蕭何，敗也蕭何。

1995 年，在多年好友山田的盛情邀請下，李衛國攜帶妻兒定居日本，準備開展自己的事業。山田興致勃勃地給曹衛國提供了一個商機：投資房地產。山田提出合作經營，幫助李衛國借了很多錢，李衛國決定大幹一場，把所有的存款都投在了一座房產上。一年之後，這座房產價格翻了一番。

初戰告捷，國內的很多朋友紛紛打來電話，希望與李衛國合作，共同投資。幾家銀行也希望他能繼續貸款，加大投資力度。此時的李衛國信心十足。他一口氣買下了四棟房子，投入資金超過 3 億人民幣。這 3 億人民幣中，有李衛國的全部積蓄 3000 萬人民幣，還有幾個朋友的借款，大約 1 億人民幣，以及銀行的貸款將近 1 億人民幣，還有山田的 100 萬人民幣。

可是這一次遠遠沒有上次幸運，房產價格大幅下跌，買方的出價一個比一個低，後來乾脆連成本的一半都不到，無奈之下，李衛國只有低價出售。一夜之間，他從天堂掉到了地獄，背上了上千萬人民幣的債務。

後來，一次偶然的機會，李衛國看到山田和房產的買主在一

起喝酒聊天，他才明白自己中了山田的陷阱，後悔莫及，但也無可奈何。這次事件對李衛國來說是血一般的教訓，他輕信朋友，把自己逼上了絕境。

友情未必經得起利益的考驗。今日的浙江商人在選擇合作夥伴時早已不再拘泥於朋友圈，他們更加謹慎，更加注重對方的品德。在浙江商人的眼中，朋友是朋友，生意是生意，兩者有別則人財兩得，兩者混淆則人財兩失。

張傑是杭州人，幼時的一次車禍讓他失去了一條腿。也許是清楚自己身體的缺陷，所以他比別人更努力地學習，成績總是非常好，可是因為殘疾，找工作時，企業都敬而遠之。無奈之下，張傑決定自己創業，他借來 2000 人民幣做實驗，幾個月後終於研究出第一桶洗衣膏。為了推銷方便，擴大生意，張傑打算找一個合夥人，他首先考慮到的就是自己的高中同學王鋒。

在張傑的盛邀下，王鋒答應與張傑一起創業。起初，雙方合作得很好，王鋒的加盟使張傑發明的洗衣膏銷售額猛增。但良好業績的背後，卻隱藏著危機。一天早上，張傑發現辦公室空空蕩蕩，所有員工不知去向，所有的資料都不見了。原來，王鋒挖走了所有員工，臨走前還砸爛了工廠裡所有裝著洗衣膏的缸缸罐罐。

有了這一次的失敗經歷，張傑痛定思痛，以後在與人合作時首先考慮的就是對方的品德，然後才進行合作。1993 年，張傑又建立了屬於自己的化工實業有限公司，生產出一系列酒店用的專業洗滌用品，在全國開設了 20 多個分公司和辦事處，銷售網路迅

速遍及全國。

在洗滌行業站穩腳跟後，他開始把經營觸角伸向其他領域。2000 年底，他斥資數百萬人民幣創建根雕藝術品商行。2001 年，他擊敗了幾家實力強大的競爭對手，取得了一新型減蟑螂藥的杭州總代理權。2002 年，他又辦起汽車美容連鎖管理公司，同時成立文化傳播資訊公司。

有利益關係糾葛的友情，看似牢固，其實是不堪一擊的，根本經不住世俗的風雨。浙商在選擇商業夥伴的時候看清朋友，也在合作夥伴中結交朋友。

贏得起一定做
輸不起不要做

「我個人一向主張穩妥，娃哈哈這十
幾年的發展很快，但一直很穩。因為
我有這樣一個原則：自己能力達不到
的事情我不做。」

娃哈哈集團董事長　宗慶後

浙商做生意有個特點——量力而行，他們在做任何生意之前都會考慮清楚，如果有把握能贏，就會堅持到底；如果覺得自己輸不起，就會退而求穩。兩弊相衡取其輕，兩利相權取其重，作為精於經商的浙江人在這一點上拿捏得很到位。這種睿智和魄力，使他們避免了「輸」的結局。

1 算好勝算的成本，輸不起就放棄

都說「兩弊相衡取其輕，兩利相權取其重」，作為精於經商的浙商在這一點上拿捏得很到位。他們會在輸不起的時候，選擇放棄。可以說，選擇是量力而行的睿智和遠見，放棄是顧全大局的果斷和膽識，學會選擇放棄正是浙商審時度勢、把握時機的睿智。

溫州商人老陳曾一度遇到左右為難的問題。一個在政府部門工作的朋友告訴他，有可能今年會放寬糧食政策，也就是對外來糧食沒有過多的限制。如果在這個時候拿出一大筆資金到民間收購糧食，有 70% 的可能會大賺一筆。

但是，老陳並沒有衝動行事，他又細算了一筆賬，要想做這個買賣，就要放下手頭上穩賺不賠的菜市場生意，而且要從別人

那裡挪用一部分資金，這就意味著這筆生意很有風險。重點是，如果不小心栽進去，很可能再也不能翻身了。通過精打細算，還在創業初期的老陳覺得自己折騰不起，更輸不起，於是，老陳放棄了，他還是決定踏踏實實地做他的市場生意，先攢足了資本再去冒險。

跟老陳一塊做生意的老王卻不聽老陳勸告，毅然與老陳分家做起了收購糧食的生意。一年下來，政府的政策有了很大變化，不但沒有放寬，反而比以前更緊縮了，老王投入的大部分錢全都化為泡影，這時候悔不當初。而老陳因為自己的算計，菜市場的生意做得風生水起，已經攢了不少錢。

可見，在生意場上審時度勢的放棄，是一種清醒選擇，學會放棄才能卸下種種包袱，輕裝上陣，安然地等待生意上的轉機，度過創業中的風風雨雨；懂得放棄，才能讓自己的企業不斷成熟，活得更加穩妥、長遠。

「賺錢不要賺盡」，這是上海亞龍投資（集團）有限公司的董事長張文榮的口頭禪。在他看來，贏得起去做，是最有價值的行為；輸得起去做，是一種冒險和勇氣；輸不起還去做，就是一種魯莽和冒失。

曾經有一個評估價高達 1.6 億人民幣的酒店，只要 700 萬人民幣就可以買到。按照評估價，張文榮可以向銀行貸款 1 億人民幣，相當於不用自有資金就可以擁有這家酒店，也許聽了這個消息很多人會心動，但他沒有要這家酒店。因為他在聽到價格後詳

細地做了一些調查，覺得酒店以後的租金收益率可能還比不上銀行的利息。

他的這次放棄是建立在對市場、對投資項目的深思熟慮基礎之上的。不計較唾手可得的酒店，他的放棄，是對自己的生意負責，對未來事業的成功負責。為此，有人認為他思路太過落後，但張文榮說：「他們說我傻，我是挺傻的，但是我做生意要對我所有的員工負責，對我的家人負責。」這就是浙江商人的精明之處。

在商場上，每天都有公司、企業負債、垮臺、破產，每天同樣也有新的公司、企業誕生。作為一個成熟的商人，要像浙商那樣，該放棄的時候學會放棄。那些不熟悉的行業，不要輕易進入，看到別人賺錢，不要眼紅心動，盲目跟風，否則，今天的投資，意味著明天的垮臺！浙商能在最合適的時間選擇放棄，應該說是一種睿智，而他們能夠果斷放棄則是一種魄力。這種睿智和魄力，使他們避免了「輸」的結局。

② 覺得贏得起，就堅持到底

一位成功的浙商說：「創業的過程，實際上就是恆心和毅力共同作用的過程，成功其實並沒有什麼祕密，主要在於認準了自己能贏，就堅持不懈地做下去。」

在生活中，堅持是一種優秀的特質；在商界中，堅持是一種很重要的能力。許多人在剛開始創業的時候，在某一行業做一段時間，貌似看不到成果，於是換做其他行業。於是，每個領域都是只做一段時間就不做了，結果，他總是看不到成功的果實。

實際上，創業和經商並不是想像的那麼簡單，要想成功，就需要在正確方向指引下，堅持到底。市場是大家的，浙商能夠最終獲得市場，就是因為他們在認識到自己能贏的情況下善於堅持。

「說往往很容易，做起來很難，如果『想到』就能『做到』，那豈不是太容易了！事實上，做永遠要比說和想難得多。比如說包機的事情，也許想到的並非只有我一個人，為什麼我做到了，別人沒有？原因很簡單，就是我腳踏實地去做了，而別人放棄了。」早逝的均瑤集團創始人王均瑤這樣評價自己的成功。

做企業是需要堅持到底的，當然是在認定能贏的情況下。一個企業在發展的過程中，總會遇到一些困難和挫折，尤其是創業階段。比如政策影響、經濟危機等都是不可避免的外在因素。這時候，如果覺得可以繼續前進，堅持到底就能夠幫助企業渡過難關，中途退卻的永遠看不到成功的曙光。王均瑤做到了，所以他成功了。很多浙商做到了，所以，浙商作為一個創富軍團，他們

很成功。

馬雲在這方面也做得很到位。2000 年底，網際網路
（Internet）進入了低潮，馬雲帶領他的團隊將戰線拉回國內，並
把總部遷回老家浙江杭州。

面對前所未有的低潮，馬雲和他的團隊沒有放棄，因為馬雲
知道，他們會贏，阿里巴巴會贏。「冬天寒冷的時候，我們提出
的口號是『堅持到底就是勝利』。我們堅信網路一定會火起來，
只要我們活著，就有希望。」近乎偏執的執著精神讓馬雲和他的
團隊幹勁十足。

「我們阿里巴巴那時候做的主要工作，第一是『整風運
動』，統一對網際網路的看法，加強信心，第二是成立了『抗日
軍政大學』，主要培養幹部隊伍，第三是『南泥灣開荒』（編
按：歇後語，比喻自給自足），就是不能靠別人，要靠自己創造
財富。」

當時的馬雲堅持得近乎偏執，不理解他的人覺得他太偏激，
像個瘋子；而他的團隊成員越來越覺得馬雲是個執著、有遠見的
人。「我早已不在乎別人怎麼看，如果在乎的話，我們阿里巴巴
不會做到今天。我們已經被人家罵得臉皮特別厚了，刀槍不
入。」面對他人的評價，馬雲根本沒放在心上，他還是堅持做自
己該做的，因為他心裡有數。

正是這種堅持到底的精神幫助阿里巴巴度過了網際網路低
潮。「網路寒冬過得太快，如果可能，我希望當時能再延長一
年。」當網際網路開始復甦的時候，馬雲顯得很激動。「我還有
很多那個時候的錄影，我跟我所有同事講，感謝上帝給我們這次

寒冬，使我們可以靜下來，使得我們可以更加專注地做我們應該做的事情。因為 2001 年的寒冬，這個市場比較有味道。」

馬雲認為，做電子商務要專注，認準了能贏就要有堅持到底的決心和精神。他說：「真正想做好一個網站，要用智慧、團隊去做。你錢再多，也會花光的。」看到許多同期創立的電子商務網站迅速死亡，馬雲非常慶幸自己的堅持，因為阿里巴巴的堅持，它才有了今天的成功。「外面很冷，我們裡面是熱火朝天，都在那兒學習，在努力。」

現在的阿里巴巴已經是中國電子商務最成功的網站之一，憑藉著網站用戶每年 6 萬人民幣的會費，阿里巴巴輕鬆地實現了盈利。

談到自己的成功經驗，馬雲坦言：「我很少覺得我自己是精英，穿個西服有時候都難受。我的電腦知識實在有限，但我有一句座右銘叫『永不放棄』，認準了自己的方向是對的，我就會堅持下去，我想如果每個人都能做到這點，很多和我一樣的人都能成功。」

浙商的成功不可或缺的一種品質就是那種堅持不懈的韌勁。正泰集團董事長南存輝說：「我平時的習慣是，當經過反復論證，我自己認準的事，基本上就不會改變了。」

堅持到底就是勝利，但是，真正能夠堅持下來的人並不多，因此，只有少數人是成功的，大部分人卻以失敗告終。

3 量力而行，不做做不到的事

任何一個高遠的夢想都是無可厚非的，重點是，你能做到嗎？不要想一蹴而就，量力而行是一個聰明的商人經商必備的原則。

很多人把量力而行視為沒有冒險精神，或是沒有野心。但是，對於每一個人來說，創業就意味著進入一個全新的領域，因為你會碰到許多以前沒有碰到的人和事，你需要處理好這些不斷出現的問題。所以，對於剛創業的人來說，所選的行業或者事情最好是在自己能力範圍之內的，不要做自己做不到的事情。

浙商包玉剛就很清楚這一點。他能在資金缺乏的情況下坐上船王的位置，也是因為他辦事風格比較穩當，以量力而行為原則的結果。他說：「我們中國人，跑到外面來做事，怎麼經得起風險？有風險，就沒有飯吃了。做自家的事，就要懂自家的情形，大家制度不同，情形也不同。」

他是這樣說的，也是這樣做的。贏得起就做，輸不起就不做，規避風險，等於獲得發展。這是一個很簡單的道理。

第二次世界大戰後，世界經濟走向復甦，全國各地貿易大增，這時包玉剛發現海運業是個賺錢的好領域。他認為，海外貿易主要靠船運，海運業必將大發展。當時的香港有 70 平方英里（約 181 平方公里）的港口，每年的輸送量達 3000 萬噸，已成為世界上最繁忙的港口之一。他說：「船務是世界性的業務，資產可以移動，隨時可以移到世界各地，委實是一項重要的挑戰。」

但是，包玉剛的決定引起了眾人的反對。

父親勸他說：「中國有句老話，叫不熟不做。你對航運業瞭解多少？買一條船動輒千萬元，你才有多少錢？」但包玉剛認為，自己有從事海運業的資本。

包玉剛的朋友鄭煒非常贊同他的決定。他幫包玉剛分析道：「你雖然未接觸過航運，但你有很多別人所沒有的有利條件。你曾經在好幾家銀行做過相當長一段時間，在調配資金方面有豐富的經驗，就算是正在從事航運業的人也未必比得上你；這幾年你做進出口貿易，世界各地的行情你熟悉，商場中的風風雨雨你也經歷過，所有這些都是你轉行做航運的寶貴財富。只要發揮你的優勢，一定會成功的。」

聽了朋友的話，包玉剛的信心更足了。鄭煒還鼓勵他：「一個高明的企業家與一個賭徒的根本區別，就在於勤於學習，善於思考，能審時度勢，隨時捕捉稍縱即逝的機遇。」

後來，包玉剛從船舶經紀公司得知，英國威廉遜公司有一艘舊船想脫手，要價 X 萬英鎊。他想，如果能夠直接從威廉遜公司去購買，價格一定會便宜一些。於是，他到處借錢和貸款，湊集了 20 萬英鎊，直奔倫敦。最終，包玉剛以 20 萬英鎊的價格購買了威廉遜公司那條載貨 8200 噸、船齡 28 年，名叫愛瓊納的商船。包玉剛讓威廉遜公司把船檢修一遍後，又雇人把船的外觀漆上醒目的新顏色，並命名為「金安號」。

包玉剛把他的「金安號」轉租給了日本一家船舶公司，從印度運煤到日本。這樣，包玉剛擁有了第一條船，並成立了「環球造船集團公司」。

包玉剛對自己的能力是有自知的，為了能夠儘快地組建成一

條船隊，包玉剛採取了比較穩健的方法。他首先想到的是獲得銀行的支持。怎樣才能獲得銀行的支持呢？當然要做一些自己能力範圍內能夠實現的事情。

在當時風行短期出租船隻的情況下，包玉剛卻認為「散租」風險太大，一旦航運需求減弱，手上有船無人租用的情形就會出現。他開始實行長期租船，一租就是 10 年。儘管長期租用船隻的租金很低，但是，長期下來，卻避免了租不出去的風險，正如包玉剛所說：「許多船隻的薄利，終究比一艘船的暴利更多。」更重要的是，他用這種長期的租用合約獲得了銀行的信任，能夠借助銀行來做一些其他的事情。

包玉剛在經營航運時，一般先找好長期的租戶，然後才購置新船。包玉剛說：「我的座右銘是『寧可少賺，也要儘量少冒險』。」這種穩健的風格不但能保證船隻不會空置蝕息，也可說服銀行給予大量貸款，即租戶的確保使他可得到銀行的信任，銀行的支持則可實現他對租戶的承諾。這樣，銀行就成了他事業發展的強大後盾。

因此，包玉剛四處奔走，積極尋找銀行的支持。剛開始，滙豐銀行對支持買船生意並無興趣，認為風險太大。而包玉剛的任務就是要使銀行認識到自己的辦事風格——不做做不到的事，既然做了就有把握。經過了滙豐銀行長時間的考察後，包玉剛以一艘船向滙豐銀行作抵押借款，得到銀行的同意，取得了一小筆貸款。

1970 年，滙豐又和包玉剛合作，成立了「環球船運投資有限公司」，滙豐佔有股份 45％。1971 年，包玉剛也成了滙豐銀行的首位華人董事。1972 年，包玉剛在百慕達群島又組建了「環球國

際金融有限公司」。公司的股東中有香港滙豐銀行、日本興業銀行及環球航運集團，包玉剛出任董事會主席。他從此贏得了「東方歐納西斯（希臘船王）」的稱號。

浙商認為，在創業時，一定要量力而為，千萬不要做一些自己做不到的事情。否則，企業往往很難成功。就像魯冠球說的那樣：「一個企業的成功是很難找到規律的，許多時候它與機遇有關。但失敗卻是有規律的，那就是超越了自己的能力。」

也許有人會認為這樣經商沒有冒險精神，沒有冒險精神就不會賺大錢，其實，當「第一個吃螃蟹的人」（編按：大陸文人用語，比喻敢於冒險的商界成功人士）的精神與量力而行的原則並不矛盾。

經商裡的冒險精神指的是，對於新的事物要有開放的心態，要有市場的意識，要善於發現商機，大膽去做。而量力而行去經商則指的是在自己能力範圍之內吃螃蟹，就好比甕中捉鱉。對於創業人士來說，遵循浙商的量力而行原則，哪有不成功的道理？

4 靈活經商，正確進退

要向浙商學習，靈活經商進退自如。如果一開始沒成功，再試一次，仍不成功就該放棄，愚蠢的堅持毫無益處。有一句話說得好：「東方不亮西方亮」，在生意場上，如果一個案子之下沒有成功的可能性，不妨索性放棄，另謀他途。要知道，轉軌變向，也許會有更好的商機在前面等待。許多情況下，量力而行和堅持努力奮鬥並不矛盾。

一位優秀的浙商說過：「一個好的商人知道應該發揮哪些構想，而哪些構想應該丟棄，否則，會在差勁的構想上浪費很多時間。」一個初次經商的人，所走的創業路線也許只是條死胡同，是否應該再多做一次實驗呢？也許已經投入了大量的時間與精力在一個交易或關係上，儘管盡了最大的努力，情況還是愈來愈糟，這時候該怎麼辦？

浙商懂得何時應堅持、何時應放棄、何時繼續嘗試以及何時知難而退。但問題是，該怎麼樣去權衡呢？下面就是浙商給我們的一些經驗：

首先，確認自己是否可以取得更多的資訊？

最好的方法之一是尋求更多的資訊，或以新的觀點重新檢驗舊的資訊，因此，你可能需要雇用一個專家或顧問。如果與對方關係的發展情勢並不如預期，也許可以從曾經經歷類似狀況的人中取得相關資訊。

其次，是否有無法克服的障礙？

設法瞭解哪些問題可能是失敗的癥結，那些問題能夠解決，

就可以省下很多的時間與麻煩。通常，找不到問題癥結的原因是：**人們不願意去面對或不願意去找出問題**，即使找到了癥結所在，他們也會假裝視而不見，否認只能拖延，無法避免問題的發生。

儘早開始找出癥結，全力應對無法妥協的事情。如果有**對你而言意義重大的原則性衝突**，而且你確信沒有人會讓步，那麼你就放棄投資。

第三，最有可能的回收是多少？

假如你是尋找消失的法老墳墓的霍華德·卡特，因為潛在回收率相當大，你可以花上好幾年的時間。然而，如果你沒有完全的把握，那就不要只看到眼前的利潤，多思考一些風險問題。

第四，計算好自己的本錢了嗎？

假如本錢不多，有些事情你就不應該做。科寧公司有本錢可以承擔上百萬人民幣研究光纖電纜，數年後才賺到第一分錢，雖然最後的回收很大，但是科寧公司卻等了相當長的時間。你也許有一個偉大的構想，可是對你而言卻必須耗費太多資源才能開花結果，那就不妨找一個合作夥伴或轉讓。

最後，有沒有固定模式可以遵循？

如果遇到房地產經紀人不如你所希望的那樣盡力推銷你的房子，或者是一個已經發了兩、三次脾氣的朋友，也可能是一個答應幫你做事卻食言的同事，你該不該再給他一次機會呢？該不該翻臉呢？調查一些特定對象是必要的。調查這個人或公司過去與別人合作的情況，看看這令人失望的經驗是否是常態或例外。

這個經紀人過去是否曾經接了工作後什麼也不做？這個朋友是否曾經為了工作大動肝火？這個同事是否習慣輕率承諾無法做

到的事？假如你在關係開始前就先問過這些問題，你現在可能就不必做這些調查了。然而，問晚了總比不問而繼續陷在這種定型的、高代價的關係中要好。

5 想清楚自己要做什麼，再動手

一個年輕人想創業，卻不知道該做哪個領域，於是他跑來向專家諮詢。專家對這個年輕人進行了分析，並給他做了能力測試，發現年輕人有很多潛在的能力。專家明白，對年輕人來說，前進的動力是不可缺少的，但是最主要的是培養他的目標感和加強對自己的認識和信心。因此，他通過指導，讓年輕人獲得了信心，並讓這個年輕人明白自己到底想幹什麼，想在哪個領域創業，知道自己應該怎麼做。

當你想要經商或者創業的時候，一定要清楚自己要做什麼？能做什麼？這是經商創業中無法迴避的問題，只有清楚地知道自己要做什麼，你才有成功的可能性。

就像阿里巴巴的馬雲說的：「做企業一定要問，我能做什麼？很多創業者都問我想做什麼？我要做什麼？我能做什麼？我該怎麼做？但是今天我要告訴大家的一個問題，就是任何一個企業家面對的問題有很多很多，但一定要想好第一天你做什麼。」

確實如此，作為創業者，如果你不清楚第一天要做什麼，你的事業怎麼可能正常地運作起來呢？更重要的是，這樣會從一開始就隱藏著倒閉的危險。

俗話說：「不打無準備之仗。」創業生涯中充滿了一次次的戰鬥，怎樣才能打好每一次的仗呢？那就要學會像浙商那樣思考。

首先，你要對自己所做的事情有清楚的認識。你想從事的行業和領域有什麼風險？這個行業的市場如何？你需要投資多少？

利潤能有多少？

其次，**你要對自己有充分的瞭解**。你的個性適合從事這項商業活動嗎？你個人的人脈關係如何？你的資本狀況如何？

再次，**你要對自己所進行的活動有明確的計畫**。你應該怎樣去投資？怎樣招攬合適的人才？怎樣降低風險？

上述的細節都考慮周全後，你才能夠全力以赴地去做，從而最大限度地避免可能出現的失敗。

無論是在創業過程中，還是在經商過程中，遇到難題和機會的比率都很大，你需要及時作出決策，時刻清楚自己要做什麼。如果你不知道自己要做什麼，而是一窩蜂似地跟著人家瞎做，結果肯定是不言而喻的。

CHAPTER

4

運籌帷幄做生意
精心佈局巧經營

「我與他們談成承包平壤第一百貨大
樓的事，只用了短短兩個小時。機會
從來只給有準備的人。」

瀋陽溫州商會副會長　曾昌颿

所謂商道就是智道。浙商做生意向來是竭力做到知己知彼、摸清對方底牌，自己卻在一邊深藏不露、靜觀其變。他們從不盲目冒險，而是分散投資以儘量規避風險。因為他們如此「運籌帷幄」，所以往往「決勝千里」。

1 運籌帷幄，高調亮出底牌

智者千慮，思維的尺度在進退間權衡，運籌於帷幄之中，決勝於千里之外。浙商中多是這樣的智者，他們不僅知道手中沒有底牌的人就沒有選擇的餘地，也知道只握有底牌是不夠的，關鍵在於在需要的時候高調地亮出底牌，讓其發揮最大價值。

改革開放後，浙江陸續有 50 萬人來滬經商，其中在上海註冊的浙江民營企業約 2.7 萬家，個體私營 3 萬餘家，總註冊資金超過 900 億人民幣，實際運作資本逾 3000 億人民幣。上海市浙江商會現有多家註冊會員，遍佈各行各業，其中有為數可觀的海內外上市公司和上百家行業龍頭企業。

此時，「浙商精神」意味著對企業資本運作高超的掌控能力和靈活性，不少浙商在資本市場的運作游刃有餘，成為融資的高手。這其中的關鍵就是浙商懂得運籌帷幄，在最佳時機打出自己

的底牌。

房地產開發是一項資本密集型活動，開發商要千方百計融資，以獲得開發資金。2004 年上海房地產最為火熱時，醉心資本運作的浙商——復地集團掌門人郭廣昌成功將公司推上港股。當時正是新一波房地產調控風暴的前夕。登陸港股後，復地業務發展大大加速，除上海之外，還在北京、天津、杭州及海南等地相繼拿下多個重要項目，又不時通過增發等手段再融資，支持復地全國佈局，並很快躋身國內房企第一集團。

如今，在很多企業「擠破頭」希望能在香港上市的時候，復地再次轉變思路，有意通過發行 A 股股票^(註1)融資，分別用於杭州、天津、無錫等地共四個項目的開發，項目總投資超過 42 億人民幣。對於回歸 A 股的「回馬槍」，復地集團總裁表示，復地的選擇只是「順勢而為」。

握有底牌，然後高調亮出底牌，是運用底牌的最佳方式。浙商就是因為懂得這個道理，在經商的時候才顯得那麼隨意而睿智。運籌帷幄之中，他們把運用底牌之道演繹得淋漓盡致。

....

註1. A 股股票：以人民幣計價，面對中國公民發行且在境內上市的股票。簡單來說，A 股就是大陸人民才能買的股票。

② 慎重選擇投資專案

在很多年前，VCD 還是高消費品，市場前景非常可觀，很多家電企業看到了良好的勢頭都加大了對 VCD 的投入，還有一些外行的企業也看著眼紅，改行做起了 VCD 的生意。但是，VCD 的生產在當時是需要很大一筆資金的，一些企業孤注一擲，經過多方籌措仍堅持了下來。可惜等產品上市時，卻陷入了價格戰的泥淖，由於很多企業並沒有足夠的資金去打長期的價格戰，最後不得不退出 VCD 市場，而且經過這一戰，大多數的企業都元氣大傷，損失慘重。

一個賺錢而技術水準要求又不太高的產品，肯定會吸引一大批跟風者，市場很快就會達到飽和狀態，而一旦達到飽和，必定會有大規模的價格戰。如果不懂得在選擇投資項目之前，對國內市場有充分的認識，對企業自身也沒有一個客觀的估價，那麼定會必死無疑。

而當時的浙商又是怎麼做的呢？他們冷靜評估投資項目，對自身實力和目前市場狀況都有清楚的認識。在確定生產 VCD 播放器之前，他們對 VCD 播放器目前已經達到的產品市場量、自身實力、競爭者狀況等進行充分調查，並作出客觀評估，以此作為投資依據，決定該專案是生產還是不生產，生產又勝算幾何，是否有別的更好的可替代專案，之後才作出決策。於是，他們沒有陷入商業危機，也沒有蒙受大的損失。

浙商是一個善於發現問題，並且會思考，還能針對問題運用知識提供解決方案的群體。在「思考」的時候，他們不僅對資訊

進行理解和咀嚼，更重要的是對環境變化進行一種積極能動的反應，洞悉到變化的規律，預見到變化的趨勢，從容應對市場中的種種變動。

　　浙江商人決定做某種生意時，擺在他面前可能有一百個成功的理由，但他只要找到一個可能性較大的輸的因素，便可將前面的理由全部放棄。因為，一個項目選擇好，投資就能獲得成功，能帶來豐厚的收益，但如果項目選擇錯誤，投資就會出現失誤或徹底的失敗。

　　謹慎選擇是商人做生意投資的前提，但選擇錯誤也是難以避免的。浙商在選擇投資項目的過程中一旦發現出現誤差，就會及時調整和轉行，這也不失為一種避免遭遇風險的方式。

❸ 危機防範，考驗企業家的預見能力

　　2008 年的金融風暴不僅波及了全世界的經濟領域，也給中國市場帶來了巨大的衝擊。面對這種形勢，納愛斯為了生存，開始調整戰略，與寶潔（P&G，在臺灣稱為「寶僑」）進行殊死鬥。莊啟傳堅定地認為，從本質上講，這是經濟全球化必經的一個坎，遲來還不如早來，他借一句名言說，如果打不死，只會使其變得更強大，就看企業如何競爭應對了。這些表示決心的話語並不是信口開河，而是實力的代表。

　　繼 2002 年 12 月年產 20 萬噸洗滌用品的納愛斯益陽有限公司在湖南益陽正式投入生產之後，納愛斯迅速加快在全國生產基地的建設腳步，實施當地生產當地銷售的佈局。

　　2003 年 10 月，年產 20 萬噸洗滌用品的納愛斯成都有限公司在四川新津縣正式投入生產；11 月，年產 15 萬噸洗滌劑的納愛斯四平有限公司在吉林四平市正式投入生產；12 月，年產 20 萬噸洗滌劑的納愛斯正定有限公司在河北正定縣正式投入生產；2006 年 10 月，納愛斯烏魯木齊有限公司建成投入生產。

　　由此，納愛斯在華東地區——浙江省麗水市、華南地區——湖南省益陽市、西南地區——四川省新津縣、華北地區——河北省正定縣、東北地區——吉林省四平市、西北地方——新疆烏魯木齊分別建立納愛斯獨資的生產基地，形成「六壁合圍」之勢，從世界最大的肥皂生產基地提升為最大的洗滌用品生產基地。

　　六大生產基地的建成投產，使納愛斯的產能迅速提高，產能達到年產洗衣粉 100 萬噸、液體洗滌劑 30 萬噸、香肥皂 28 萬

噸、甘油 2 萬噸、牙膏 2.5 億支。納愛斯取消了所有國際公司在華企業的貼牌生產，這大大降低了生產與物流成本，產業鏈控制能力與市場運作實力大幅提高。

升級換代的雕牌天然皂粉，成為納愛斯攻佔洗衣粉高端市場的標誌性產品。納愛斯用天然取代合成，對洗衣粉進行換代，向高端市場發起猛攻。與此同時，納愛斯兩批雕牌洗衣粉在美國、澳洲、紐西蘭、東南亞各國市場登陸，直鋪超市。

一個企業家能在危機時刻沉著應對，並以壯士斷腕的勇氣進行新的決策，往往是企業起死回生的關鍵。

2004 年剛過 20 歲生日的萬科集團，第一個十年的發展可謂全面開花，從深圳一個外貿公司起家，發展到擁有包括服裝加工、禮品、電影拍攝、洗車行、超市、房地產等在內，涉及多行業的 102 家分公司。

盲目追求多元化的結果，是 10 歲的萬科在宏觀調控（編按：政府透過實際的整體社會的經濟運作模式，調整供應與需求）來臨的時候，企業全面進入了冬眠期。而公司內部，也幾乎是「建立一個分公司，培養一批腐敗份子」的狀態。好在萬科能夠壯士斷腕，在 1997 年召開以「瘦身」為主題的全公司大會，並進而決定改多元化的戰略為專業化的戰略。

事實證明，捨棄，是萬科轉「危」為「機」的關鍵。都說浙商的智慧在於知道進退之道，但這其實是取決於企業家對危機的預見能力。

4 企業發展要把準宏觀脈搏

借勢成事並不是嘴上說說那麼簡單，企業要想發展好，首先要懂得借什麼，怎麼去借。宏觀脈搏就是指宏觀的經濟政策，要想借勢，首先要瞭解宏觀經濟的發展趨勢。浙商能夠敏銳地洞察複雜多變的經濟形勢，為他們借勢成事提供了很大幫助。

作為杭州最早的房地產企業之一，廣宇集團已經走過 20 多個年頭，廣宇的董事長王鶴鳴更是浙江房地產企業中的元老級人物。2003 年，一向大膽徵地的廣宇集團果斷減慢了步伐，在拿下西城年華以後，廣宇就沒有再多徵一塊地，而是集中力量進行銷售，回籠資金。現在廣宇手中掌握的資金量，將足以確保今後幾年廣宇新的投資項目順利進行。

新一輪的宏觀調控對不少房產企業都產生了影響，就在不少企業為解決資金問題而不敢進行投資的時候，廣宇卻蓄勢待發，儲備了大量後備資金準備新一輪的投資。

為什麼廣宇集團能夠在新一輪的宏觀調控中獨佔鰲頭？原因就是王鶴鳴能夠把準宏觀脈搏。「房產企業要把準宏觀脈搏，這樣才能掌握主動權，提前制訂應對策略。」王鶴鳴董事長在談及廣宇創業 20 載成功經驗時說到，20 年來，廣宇在市場競爭大潮中不斷做大做強，靠的就是「把脈」把得準。「我們去年已經預測到了宏觀調控。早在去年 6 月，我們就開始採取措施了。這樣我們就可以在市場競爭中佔據主動。」王鶴鳴說，「給宏觀政策把脈的關鍵就是要走在宏觀政策的前面。」

可見把握宏觀脈搏是十分重要的。企業要想有好的發展，自然要了解經濟法則，浙商在這方面就有十分敏銳的洞察力。他們總能先人一步分析瞭解到宏觀經濟政策，這對企業運作、經營、決策、管理等方面都有很大益處。

好比一個大考命題作文，沒有按照規定的命題去寫，寫得再好，辭藻再華麗，也是不合格的。企業有企業發展的規則，經濟也有經濟政策的約束，浙商明白要讓企業發展、壯大，就要洞察先機，避免發生不必要的「紛爭」。

做生意別貪大
從小錢賺起

「成功始於足下,把每一件小事做好
就不是小事;偉大來自平常,把每一
樁平常的事情都做好就是不平常。」

華通機電集團董事長 李成文

「上海人有一塊錢會用來打扮，廣東人有一塊錢會上酒樓，而浙江人有一塊錢則會當老闆。」在浙江人的眼裡和心裡，職業沒有高低貴賤之分，生意不在於大小，小錢也是錢。不怕利潤低、要做就做最物美價廉的商品的信念，讓他們的事業越做越大，讓他們的產品暢銷全國，遊遍世界。

1 一顆鈕扣的價值

誰知道一顆鈕扣值多少錢？也許只是幾分錢。那一顆鈕扣的利潤是多少？100 個都不到 10 塊錢。正因為它的微不足道，所以很多人都對它不屑一顧，但就是這樣小小的東西，卻被浙江商人做成了大買賣。在義烏小商品市場一個不起眼的小櫃檯，每天可以批發銷售鈕扣幾噸，可見獲利有多少。

小小的鈕扣為什麼會有這麼大的利潤呢？這就是浙江商人的精明所在。溫州市永嘉縣橋頭鎮被稱為「中國鈕扣之都」和「中國拉鍊之鄉」，是鈕扣行業的主要產銷基地，被譽為「世界第一大鈕扣市場」和「東方的布魯塞爾」。鈕扣是再小不過的小商品，溫州橋頭鎮人卻靠著它走上了集體致富之路，成就了千萬產業的大事業。

這些小鈕扣價值的實現離不開葉氏兄弟的努力。

　　最初，葉氏兄弟四處彈棉花（編按：中國傳統的手藝，可將棉花壓成整齊的被褥），漂泊在外。有一天他們在鄰縣的一家鈕扣廠門口發現有人處理次品鈕扣，便花了幾百人民幣買走，帶回了橋頭鎮，在自家門口擺了個小攤去賣。誰知一堆次品鈕扣讓葉氏兄弟走上了創業之路。

　　由於銷路好，他倆先是由現買現賣，後來發展成自產自銷，再後來引起鄰里群起效仿，一直發展到全鎮人家家生產鈕扣，戶戶銷售鈕扣，前店後廠。

　　這些小鈕扣帶領橋頭婦女改變傳統觀念，離開灶台，走向櫃檯，大膽投身到商業世界的大潮裡去。迄今橋頭鈕扣市場有兩千多名婦女從事攤店經營；在走向全國的 1.2 萬名橋頭商人中，也有三千多名橋頭的婦女和年輕女孩。正是由於有這樣一批富於商品經濟意識，不怕賺小錢的開拓者，使橋頭這樣一個小山坳崛起成為舉世矚目的「東方第一大鈕扣市場」。

　　據說當時中國人衣服上的鈕扣，十有八九出自於永嘉縣橋頭鎮村民之手。而橋頭鎮居民鄒文聰也由賣鈕扣賺薄利起步，經過積累壯大，脫穎而出，鑄造出「邁利達」鈕扣及拉鍊品牌，連美國聯邦航空總署也不遠萬里向它送來了訂單。

　　在 1984 年，橋頭鎮正式建成了第一個鈕扣交易市場，從而誕生了中國改革開放以來第一個小商品專賣市場。不到 10 年，橋頭鈕扣生產企業發展到 774 家，從國外引進 160 條生產流水線。在20 世紀 90 年代初，市場銷售的鈕扣橋頭鎮的產品所佔比例達80%以上。

　　1994 年，橋頭鎮鈕扣市場迎來最為鼎盛的時期，每天從橋頭

鎮發出去的鈕扣約有 200 噸，折合成鈕扣顆數至少有 8000 萬顆。在全國 200 多個城市有 7000 多個網點在銷售橋頭鎮生產的鈕扣，年成交額達 85 億人民幣。此外歐美、東南亞、中東等二十多個國家和地區，都有橋頭鎮鈕扣的銷售網站，是名副其實的「東方第一大鈕扣市場」。

到 20 世紀 90 年代中後期，橋頭鎮鈕扣的市場交易方式已發生了本質的變化，客戶上門「一手交錢一手交貨」的傳統交易方式已下降到 40％，有 10％以上的交易在網際網路上完成。20 多家鈕扣企業建立了自己的商務網站，他們只須輕點滑鼠，成千上萬的鈕扣便流向千廠萬店，並通過連鎖、代理、配送等多管道拓展市場。如今橋頭鎮鈕扣的市場佔有率是全國的 80％、世界的 60％。「鈕扣之都」果然是名副其實。

除了小鈕扣之外，橋頭鎮的拉鍊業在中國也是很有名氣的。溫州拉鍊行業集中在永嘉橋頭鎮和龍灣狀元鎮。從 1982 年溫州有了第一台拉鍊生產機器至今天，全市生產拉鍊企業已發展到幾百家，年產拉鍊 20 億公尺，產值上億。

一顆小鈕扣、一條小拉鍊，竟能創造如此的價值，我們不得不佩服浙商的經濟頭腦和務實精神。

② 小香菇也能撐起「半邊天」

浙江省西南邊陲的慶元縣，是個交通算不上便利的山區小縣，但那裡卻擁有全中國最大的香菇交易市場，日購銷香菇量達幾十噸，年交易額達十幾億人民幣。香菇雖小，因為浙江人的聰明頭腦，卻能撐起中國南部商業的「半邊天」。

慶元的農民充分利用原產地的優勢，積極參與香菇的經銷活動，他們的香菇生意十分興隆，創造了慶元香菇獨特的經濟市場。

在慶元的香菇市場，大約有四千多人分別從事香菇的銷售，他們有一支四面出擊、八方定點的收購隊伍和一支「一條扁擔，兩隻麻袋，走村串戶跑山頭」的收購隊伍。這支隊伍主要以慶元當地農民為主，農民生產的香菇除部分由自己挑到市場銷售外，大部分就由這支隊伍挨家挨戶收購起來，再拿到香菇市場賣給大客戶。

他們資訊靈通、活動範圍廣、經營方式靈活而風險小，成為市場流通領域的「主力軍」，被稱為「香菇貨郎」。這支隊伍有時候還要到鄰縣去收購，還有的到別省收購，把收來的香菇源源不斷地運進慶元香菇市場投售，從而保證了香菇市場的貨源。

這支「走南闖北」的香菇銷售隊伍，長年累月帶著樣品，在上海、廣東、廈門、無錫、青島、北京等 18 個大、中城市開設銷售點，通過這些網點把慶元香菇源源不斷地銷往全國各地，並利用當地的宣傳工具宣傳慶元香菇，使更多的人瞭解了慶元香菇，擴大了慶元香菇的知名度，使香菇的銷售價格和銷售量逐年上

升。

　　慶元縣歷屆政府也非常重視香菇生產這一傳統產業的發展，還專門制定了一系列鼓勵香菇生產、經營的優惠政策，並投資建設了全國最大的香菇市場——慶元香菇市場。

　　為確保「慶元香菇」的品質，使這一名產發揚光大，繼續造福慶元群眾，慶元縣開展了「慶元香菇」原產地域產品保護申報工作，並於 2002 年通過審定，「慶元香菇」是浙江省繼「紹興黃酒」、「龍井茶」之後獲得原產地域保護的民族傳統食品。這標誌著「慶元香菇」將可以憑此「護照」打進國際市場，增加知名度。

3 小買賣中蘊藏的大商機

　　很多人都想賺大錢，然而卻不知從哪裡下手。有的人是大錢賺不來，小錢不想賺，況且現在一毛錢的作用簡直是微不足道。就在這樣的大環境下，在現代化國際大都市的上海，偏偏就有這麼一位執著的打工漢，甘願在茫茫的商海裡「撈針」，專做一毛錢的生意，而且做得很成功。

　　李保良是浙江的一個農民，少年時代學了些木工手藝，但是在農村裡幾乎無用武之地。於是在 1991 年他辭別妻兒來到上海幫人做裝潢。但是所賺的錢並不多，在上海的日常開銷又大，一年到頭，根本沒剩下幾個錢。

　　就在他心灰意冷的時候，一個讓他賺錢的機會向他招手。一天，找工作找得心煩意亂的李保良，想找個人聊聊天，便來到楓涇鎮的一個朋友家。朋友忙著給李保良泡茶，可是三個暖水瓶都沒有開水，朋友不好意思地說：「你看，早上一忙，把燒開水的事給忘了，現在沒法沏茶了，要是像以前一樣有一個『老虎灶』賣開水該多好！」

　　「老虎灶」就是舊上海專門燒開水賣的地方，20 世紀 60、70 年代還有，那時一、二分錢一壺水，生意不錯，但現在早沒了，只能到歷史博物館才能看到「老虎灶」了。

　　說者無意，聽者有心。從朋友家裡出來，李保良一路想著「老虎灶」賣開水的事。他想，現在的人工作都很忙，早出晚歸，忘記燒水的事是常有的，如果自己能開間開水坊賣開水，不

也是一條賺錢之道嗎！

就這樣，李保良覺得自己有事做了。

接下來的幾天，李保良開始到處做「問卷調查」，許多人都表示如果有一毛錢一瓶的開水賣，自己肯定買，因為自行燒瓶開水，水、電或煤氣費加起來遠不止一毛錢，而且還比較麻煩，完全不如可以花點錢買個方便和快捷。有了這項調查結果後，他賣開水的決心更大了。

經多方打聽，浙江寧波有家工廠生產多功能熱水爐設備，李保良立刻東拼西湊借到了幾千人民幣，立刻趕去買燒水的設備。

2003 年 8 月，李保良的開水坊在自己租住的農民街正式開業。因為價錢實在便宜，所以附近居住的打工者都樂意來買，他們都說李保良做了件大好事。月底李保良一算賬，淨賺三百多人民幣，雖然不多，但是這一毛錢的生意還真能賺錢。

不久，「一毛錢一壺開水」在打工界裡一傳十、十傳百地傳開了，沒多久時間，住得遠的人也來買開水了。

生意已經取得了階段性勝利，但是李保良並沒有裹足不前。有一段時間，電視裡經常播放一家純淨水的廣告，廣告中說現在的自來水有許多雜質、被污染等情況。因此買開水的人有了這種擔心，為此，李保良去自來水公司買了一套淨水過濾裝置接到自家的水龍頭上。自來水中的雜質被過濾後，買開水的人越發信任李保良，他的開水銷量也逐步攀升，平均一天能賣出幾千壺。

李保良勤勤懇懇做他的開水生意，踏踏實實地賺著他的每一毛錢，他並沒想過有一天會發達，但事業的發展讓他始料不及。2003 年 12 月的一天早上，李保良像往常一樣正在燒開水，一位西裝革履的中年男子站在旁邊看了一會兒，最後掏出一張名片遞

上來說：「以後每天早上六點之前，送 100 瓶開水到我店裡，價格翻一倍給你。要是不夠我再叫你送，每個月底和你結賬。」

李保良簡直不敢相信會有這麼好的事找上自己，他仔細看了名片，原來這名中年男子是楓涇鎮新紀元大酒店的經理。他說酒店要專門請一個人燒開水，工資成本算下來比買開水貴一倍還不止，所以當他聽到有人賣一毛錢一瓶的開水後，專程到李保良的開水坊一探究竟。

就這樣，李保良接到了第一張訂單。以後每天六點之前，李保良都用三輪車把開水送到一里外的新紀元大酒店，一個月能賺六、七百人民幣。

李保良開始意識到，這是一個讓自己發展壯大的好機會。從此，李保良開始有目標地出去找尋客戶了。李保良先請朋友幫忙擬了份外送開水的協議書，開水送到時，讓負責人簽字認可，這樣可以避免發生不認帳的事。做好這些準備後，李保良開始到楓涇工業園的一些廠裡談業務。

這下李保良信心百倍，因為一般工廠裡都不供應開水。果然，他又談妥了幾家建築公司、成衣廠和電子廠的業務，每家訂單都在 100 瓶以上。開水坊充滿負荷地運作，連在成衣廠工作的妻子也回來幫他燒開水了。

到 2004 年的時候，需要送開水的單位就有五家，每個月開水坊可淨賺 5000～10000 人民幣。

商海茫茫，外出工作或是剛進社會的年輕人往往只注意到怎麼做「大生意」，而忽略了自己身邊的「小生意」。李保良的經驗告訴我們：一毛錢的「小生意」同樣可以做出一番成就。

　　誰會想到，賣開水也能做成大生意，而且月收入可以達到上萬元人民幣？這樣的賺錢點子，也只有浙江人才能夠想出來，才能夠做出來。管中窺豹，從這裡我們也可以看出浙江商人做生意不貪大的務實精神。

4 小商品做大市場

　　20 世紀末，溫州民間經濟力量崛起，中國遍地都可以見到溫州人的身影，中國遍地都有「溫州街」，從開放港口城市，到活鄉鎮經濟，再到西部大開發，沒有一件商機漏過溫州人，連浦東開發也有溫州人收先行之利，大賺地租。浙江人由此可以說是全民皆商。

　　士民工商，商為四民之末，處於「草根層」的浙商，幾乎把經商作為了第一選擇，無論資本多少，無論創業多難，他們硬是從小生意開始，小到一枚鈕扣、一個打火機也敢去競爭國際市場，闖蕩四海。這種經商的全民性，造就了浙商的規模經濟效應，使看起來偏小的浙江民企無形中結合為一股龐大的競爭勢力，「螞蟻戰術」勝過了「大象跳舞」，草原上的「獵狗」制服了「斑馬群」。

　　最初，溫州人十分不起眼，人們只是從修鞋、小髮廊、小商販中認識他們的。他們與其他地方的民工、小商販沒有什麼兩樣。但是，慢慢地，溫州髮廊、溫州服裝店、溫州電子城、溫州產品越來越多，各種溫州產品包裝、標牌、證書、徽章也越來越多。一時間，溫州貨充斥全國。漸漸地，人們對溫州人由漠視到興趣十足，再到驚奇、羨慕，直到仔細探究：溫州人怎麼這麼會賺錢？

　　溫州商人的成功就在於：做生意從小處著手。溫州人辦起企業來，也不追求大氣派、大產品，同樣是從小處薄利多銷著手，填補全國小商品市場的空白點。溫州的小企業船小好調頭，一旦

有了市場變動，馬上就調整產品結構，始終在市場上拾遺補缺，供應市場需要。溫州人走的是小商品路線，不怕賺錢少，就怕賺不來，因此，溫州的小商品遍佈全國。這方面尤其以樂清縣柳市的五金電器、永嘉縣橋頭鎮的鈕扣、蒼南縣金鄉的小商品最為著名。

蒼南縣金鄉鎮是一濱海小鎮，歷史上就有家庭手工業基礎，20 世紀 60 年代開始由生產小五金逐步轉向生產各種鋁制徽章，20 世紀 70 年代初又開始生產塑膠片和 PVC 虹膜。1978 年以來，金鄉鎮農民發揮了家庭手工業的專長，在生產鋁制標牌、塑膠片、PVC 虹膜的基礎上，又開發了各種規格的滌綸（terylene）商標等新產品，形成了以鋁製標牌、塑膠片、PVC 虹膜和滌綸商標四類商品為主的較大規模的小商品生產基地。

金鄉人依靠充足的市場訊息，及時地做出反應，如當報紙上剛剛報導了農村信用社體制改革的消息，立即有人設計了「社員股金證」、「信用卡」等產品，向全國徵求訂貨，當某省運動會還在籌備之時，有人已設計出了精美的紀念章。

與其他市場不同，金鄉推銷商品不是靠採購人員，而是靠信函聯繫，與此相應，金鄉形成了寫信、寫信封、封口、貼郵票、送寄等專業分工的郵寄服務體系，使金鄉的輻射範圍不斷擴大。

最能體現溫州人小處著眼的，當屬蒼南縣的再生腈綸布（亞克力布）。

孫阿榮是宜山區一個村子裡極不顯眼的老太婆。她臉上的皺紋像山核桃一樣。她伴隨著紡車和古老的織機已度過了幾十年悠長的歲月。而這古老的紡車和織機，在進入電子時代的今天，似

乎早進了博物館。它在一些人的眼裡，無疑是落後生產力的象徵。

在宜山的幾百個農戶中，從少女到白髮蒼蒼的老人，依然守著這古老的織機度日。她們晝夜不停地紡紗、織土布。棉花買不到，技術也無法與現代化的紡織廠競爭，男人就外出收購廢棉布、布廠的下腳料，製作再生的土布。廉價的原料、廉價的勞力、廉價的再生布，再銷往黃土高原、大別山區、川滇邊界……宜山的男人挑著再生布，走遍了我國老少邊窮地區的鄉村。

再生布的關鍵在於再生——即用開花機把布重新變為纖維。而處理腈綸、滌綸和毛織物的邊角料（材料剪切剩餘的邊角部分）時，轉速一快，布匹便會冒煙起火。這與拆卸尚未引爆的炸彈相似。

一天清早，孫阿榮叫她的女兒上街買廢棉布。女兒不內行，買了一大堆腈綸布的邊角料回來。這怎麼辦？退貨，人家不同意；扔掉，又實在可惜。畢竟這是花鈔票買的呀！

孫阿榮不思茶飯，天天琢磨如何把這批腈綸布頭開花，再生成纖維。家裡人勸老太太算了，但老太婆固執得很。後來孫阿榮終於憑著一股韌勁和經驗，在轉速的臨界線的參數上取得了突破。

她嘗試著用手工操作對腈綸的邊角料進行「開花」，接著她又製作了一架簡易開花機。

當老太婆惴惴不安地拿著織出的再生腈綸布來到市場的時候，人們驚異了：這是什麼布？腈綸的？哦，真柔軟、光滑，簡直和新的一模一樣；用舊布舊棉花織出的再生土布和它一比，相形失色了！

小小的山村轟動了！宜山轟動了！

老太婆不懂專利法，也不想利用這「絕活」自己發財。她笑吟吟地、不厭其煩地把「開花」的訣竅傳給別人。於是，原先做再生土布的人紛紛對開花機進行了改裝。為了防止處理腈綸布邊角料時起火，危及四周，這些油氈作頂的簡陋「開花機房」都搬到了遠離村舍的田地。

宜山家家戶戶都製作起了再生腈綸布。山鄉一片機杼聲。開花、紡紗、織布、縫紉、烤邊，一條龍作業。每年宜山購銷員從外地化纖廠、服裝廠購進的腈綸邊角料達 3400 萬斤！

再生腈綸布製成了運動衫、運動褲、兒童襯衫。後來又逐步發展到腈綸地毯、花邊、提花膨體紗……為了就近利用原材料，溫州人還把再生腈綸的工廠建到了西安郊區、珠江三角洲。

溫州人是有眼光的，當他們積蓄了資本後，就會把產品由小做大，小企業通過市場交換，企業實現生產鏈獲得外部規模經濟或通過專業化協作進入產業鏈，或憑藉「專」和「特」的優勢，擴大市場佔有率。從鈕扣到服裝、鞋子，從電子元件到成套電子設備，從日常用的小物品到高科技產業，並且涉足房地產、金融業，於是溫州人越做越大，越做越厲害。

做生意先從小處著手是浙江商人起家的拿手好戲，也是他們走向成功的祕訣。

商業細節不忽視
小心駛得萬年船

「一個沒有犯過錯的人，不能算是個
成熟的人；一個沒有犯過錯的企業
家，不能算是一個真正成熟的企業
家。」

華立集團董事長 汪力成

所謂「說者無意，聽者有心」，你的一時口舌之快，也許就為種種危機埋下了伏筆。因此，聰明的浙商從不在摯友、紅顏知己，甚至結婚多年的妻子面前談論商業細節，他們認為「小心方能駛得萬年船」。

1 防範之心不可無

　　行業不同，各自的商業祕密也就不同，飲食業有自己獨特的配方；股市有最新的動態和價格漲落以及各企業不公開的營運機密；建築、珠寶等產品有創意設計圖；圖書、報紙和電視等傳媒有主題企劃等。另外，各公司還有自己的財務預算和虧損狀況，對於風險投資的商人來說，商業祕密就是唯一的賭注和成本，所以，對於身邊的人要有防範之心，也許他們就是「商業間諜」。

　　浙江某集團在創業時看準了保健食品市場，於是想方設法與某科研機構聯繫，希望他們能幫忙研發一種爽口怡神、健體增智的新型保健飲料。在該集團提供了市場構想及飲料部分原始資料後，這個研究所同意參與研究。簽訂合約後，該集團向研究所提供了 500 多萬人民幣的研發經費。

　　不過，老闆考慮到萬一研究所失敗或中途退出，以致研製計畫不能如期完成，於是多了一個心眼，要求研究所把他們的研究進展情況做成詳細的書面報告，並且派了幾個集團的研究人員以協助之名參與開發研製，瞭解進展情況及實驗細節。

　　果然，當這個研究所把飲料試劑開發出來後，該所的領導打起了小算盤。因為這個飲料試劑無論在色澤、口感還是成本上都是相當成功的，於是他們想自己籌措資金建立飲料廠獨佔市場，而不願與該集團分享成果。研究所對外宣佈開發過程由於種種因素陷入停滯狀況，無法繼續下去，該研究所願意賠償 300 萬人民幣並向該浙江集團道歉。

　　面對這個情況，集團的老闆並不覺得意外，而是馬上想出了另一高招：用高薪高福利挖掘人才，尤其是這個研究所中幾個對試驗有關鍵作用的專家，同時他亦搶先向國家專利局申請了專利。如此雙管齊下，專家如約而來，專利也順利審核通過，研究所既失去了人才，又無法合法地生產，最終浙江某集團如願以償，得到了新型保健飲料的新配方，在兩個月後一炮打響。

　　在企業經營過程中，再精明、再厲害的企業家也不可能把企業可能遇到的危機想得面面俱到。做好防範工作，善於應變，才能佔領制高點。

2 小心！親密並非無間

孫子曰：「兵者，詭道也。故能而示之不能，用而示之不用，近而示之遠，遠而示之近。利而誘之，亂而取之。」嚴格保守自己企業的商業祕密，是經營者是否獲得成功的決定性關鍵。西方國家的那些大型企業，往往都以極為保密的體系來擬定保密計畫。

有史以來的戰爭中，指揮官有關於軍隊的部署、補給及其他輜重的計畫，要是讓敵人察知，哪怕只是些許，戰鬥也必將敗北，這已成了軍中的常識。而在商業競爭中，這個道理同樣適用。在這方面，浙江商人就吸收了國外的長處。

浙江商人覺得親密不代表無間，感情生活盡可以毫無保留，有時候為「博取美人一笑」，甚至可以抖落出藏在內心的其他小祕密。但說商業細節可不比插科打諢逗樂子，通常，在透露商業機密給你的朋友、家人或情人的時候，不僅將壓力給了他，而且也將保守祕密的責任強加在他的身上。同時由於知情者不具備和你一樣的商業素質，他認為的合適舉動也許會給你帶來麻煩，甚至導致你在商業活動中做出錯誤的選擇。

保守商業機密和與別人友好相處並不矛盾。商業機密，是指關係到企業的命運與生存，與企業的安全和利益息息相關的事項。與非商業人士友好往來，一是可以放鬆自己的身心，也是生活的需要，而且廣泛的交友也許還可以給企業帶來經濟效益。但是千萬不要為了博得別人的信賴，就有問必答，慷慨解囊，把自己的「飯碗」拱手相讓，使別人不費吹灰之力而獲得獨傳的「祕

方」。

　　浙商在商業保密上從來都是以可口可樂為榜樣。世界上喝過可口可樂的不知有多少人，然而，有誰知道這種飲料的配方呢？事實上，可口可樂的配方屬於最絕密的資料，只有該企業的一、兩個核心人物知道。這就是可口可樂行銷世界、享譽全球，極少遇到過敵手，幾十年常勝不敗的原因之一。當初，由於印度政府要求可口可樂公司公開配方祕密，可口可樂公司便毅然決定從印度市場撤出也不公開其配方。這說明保守企業祕密是多麼重要的事。在我國發展市場經濟、產品走向世界的今天，要使我們的品牌享譽全球、通行無阻，浙商的經驗提醒所有經商的人：小心洩密！

　　所以，你必須有意識地保密，涉及商業細節的問題必須捲而藏之。

3 封閉流通管道

商業祕密是公司在投入大量人力與物力的基礎上獲得的，是公司生存和發展的基礎。然而在現實生活中，這些具有保密性質的技術經濟資訊被非法獲取的情況日趨嚴重。一些公司的商業祕密被某些利慾薰心的人採取各種手段非法竊取，給公司造成了不可估量的損失。這種竊取的方式有各種表象偽裝，或明或暗，或強奪或智取，然而，在防範措施上，浙商顯得非常謹慎。

一般而言，商業機密因為疏忽大意，不明不白地被洩露。隨著勞方的流動日趨頻繁，一些心懷叵測的人趁調離之機，非法獲取原私營公司的商業祕密，並伺機出賣。也有一些公司在涉外交往中，對外商竊取商業祕密的行為毫無戒備之意，給其留下可乘之機，使公司的商業祕密不知不覺地外泄。

許多意想不到都是因為許多小細節沒有注意到，甚至可能在自己公司辦公室的垃圾堆裡，發現隱藏著大量的企業技術資訊和經營數據的資料，幸好發現及時，否則後果不堪設想。

知道了種種祕密的洩露管道，又該如何防範呢？

首先，強化保密工作。

作為企業，除了進一步強化商業祕密的保護觀念，不斷完善有關保護措施和制度，避免各種可能洩密的漏洞外，還要妥善處理員工擇業自由與保護商業祕密的關係，在與員工訂立員工合約時，應增加有關保護商業祕密的條款，明確員工的權利和義務，做到既保證人才的合理流動，又能有效地保護企業的商業祕密。

其次，打擊不法份子。

　　大陸《反不正當競爭法》中規定了經營者不得以非法手段侵犯商業祕密，並在第 25 條中規定了侵犯商業祕密應承擔的法律責任，即監督檢查部門有權責令其停止違法行為，可以根據情節處以 1 萬以上 20 萬以下的罰款。這些法律的實施，為有效保護商業祕密提供了法律保障。臺灣《營業秘密法》也有類似的規定。

　　其三，建立保密制度。

　　為了保證企業商業祕密的安全，不少國外公司有其成功的經驗。例如，美國可口可樂飲料公司高度保密的飲料配方，一直是競爭對手百事可樂飲料公司窺測的目標。在過去的幾十年中，百事可樂公司採取種種方法，均未得手。可口可樂配方被認為是世界上保守得最嚴的祕密之一。

　　第四，積極應變。

　　在公司鞏固成果、繼續發展的過程中，常常再周密完善的防範也不能完全杜絕危機的發生，但是能夠減少它的發生。因為在商業領域所涉及的變數太多，有政治上的突發事件、經濟中的政策調整、法律上的變動，還有自然界的風險、市場需求風險、財務風險等，舉不勝舉。而這些複雜的情況也不是一個人、一個企業甚至一個國家能面面俱到地考慮到的，更不可能事事都未雨綢繆，預先做好準備。那麼，公司在反敗為勝之後要順利地繼續發展不再失敗，不僅要有應變的能力，還要及時封閉商業細節和商業祕密的流通管道。

4 做好防範工作，消除隱患

　　經商要細心，要能及早發現危機端倪，針對可能出現的隱患，在強化防範意識外，還要具體、詳細、妥善地安排切實可行的防範措施，這樣才可能讓危機化解於無形。浙商在這一問題上就處理得很精妙。

　　2002 年春，浙江寧波某公司招來了一批新員工，這批員工都是來自全國明星高校，共同的特點是學歷高、有專長，大都是技術和管理的能才。然而，上班後沒幾天，就有兩位年輕人辭職回原籍了，這件事宛如一枚炸彈，讓不少員工忐忑不安。

　　該公司副經理敏銳地覺察到這一潛伏的危機，當即決定在第二天清晨召開會議，儘快解決這一問題。參加會議的除她本人外，還有祕書王小姐，以及一位從打工妹一步步升上來的部門經理，而最妙的是這位副經理利用老鄉關係，讓這批新來員工中的一位任行政工作的張小姐主持會議，自己則坐在一旁。

　　張小姐作為副經理的代言人，在講話中一再轉述副經理的意思，如「副經理要我轉告大家……」云云，這種委婉的方式營造了一種和緩輕鬆的氛圍。副經理通過這種間接方式，一再表明公司誠懇希望大家能安心工作，有問題可以提出來。然後，她又嘉獎了一位員工，由於他工作態度好，表現出色，提前將其轉正職並加薪。

　　祕書王小姐接著以自己為例發言，極力讚揚公司的制度和老闆的人情味。最後副經理趁熱打鐵，代表公司說明兩位員工辭職

的原因是因為他們自己的實際能力與申請到的職位不符。她表示各位同仁如在工作上還有顧慮，可以在第二天與經理私下討論，公司會予以調整，總之，請大家安心工作，視公司為一個大家庭。

散會後，副經理問大家：「還有什麼問題嗎？」大家齊聲說：「沒有！」又問：「大家還有想離職的想法嗎？如果下了決心在這兒打拼的，請舉手！」大家立即舉起雙手。就這樣，這位副經理用她敏銳的觀察力、過人的智慧、有情有義的勸說，有效地防範了可能導致公司業務停頓、人心渙散的隱患。

上面這個案例向我們闡述了這樣一個經商之道：在一個企業裡，如果發現了不尋常的情況，只要仔細觀察，就會找到危機發生前的一些預兆。那麼，就可以早做應付的準備，以消除隱患，避免危機。

7

權衡關係與利益
理智要戰勝情感

「在家族企業的管理中關鍵是要避免
家族式的管理，要儘快建立一套規範
的、符合企業實際的現代企業管理制
度。」

康奈集團副總裁　鄭萊莉

浙 江人有很濃厚的老鄉情結，「抱團打天下」也是他們初期創業的一個特點。但是情歸情，在權衡關係與利益的時候，他們往往能夠做到理智戰勝情感，不會任人唯親，而是舉賢避親、任人唯賢。他們一直致力於打破家族觀念，建立現代企業管理經營制度。在他們心裡，生意就是生意，摻雜私人感情是不理智的。

1 生意就是生意，別摻雜情感

「生意就是生意，別摻雜情感。」這句話使浙江商人在進行商業活動時，排除了許多情感的束縛，放下了包袱，沒有了負擔，眼界看得寬，手腳放得開，生意場上就能得心應手，無往不勝。

比如一般企業家對於自己親手創立的公司，大都有一種特殊的感情，甚至視如自己的孩子，悉心呵護，終身廝守，然後傳之後代，而後代對從先輩那裡繼承下來的公司，也就自然帶上了一層對前輩崇拜的色彩。

這些做法在浙江商人看來，非常可笑，因為創立公司的目的，只是為了賺錢，只要能賺錢，出售自己的公司也是生意的一種作法。

很多人在面臨是否賣掉公司時，會為了當年開創公司時投入

的血汗而感到不值，或因為已經對公司投入深厚的感情，而難以割捨的時候，而浙商則會輕鬆地一笑：「夥計，公司又不是自己的老婆，有什麼好留戀的？」

在浙商看來，公司，只不過是牟利的工具而已，商人對公司是沒有感情的。作為商人，他的任務是牟利，既然公司已經不能產生效益了，那麼公司存在的理由是什麼呢？

因此，在浙商的生意經中認為，公司不僅僅是可以產生效益的場所，本身也應該是一種商品，可以帶來高昂利潤的商品，可以在無數的人手中自由地流通。當初廉價買進來，經營好了再高價售出，這是企業最能創造利潤的良機，為何要放棄？

他們的這個理論讓以公司為家、以公司為事業生命、死也要死在辦公室的人聽來，是不能接受的。

可是浙商認為，只要對方肯出高價，買賣就可以成交。

公司賣了，自己可以換個地方，重新買地蓋廠房，創立另一家更賺錢的公司。

浙商就是這樣，可以賣掉自己辛苦經營的公司。商人是理性的，他們一切以自己的利潤做為判斷的標準，其他的東西不過是手段而已，商場不是談感情的地方。

同樣的道理，浙江商人在進行商業策略時，對於所借助的東西，也從來沒有什麼顧忌，只要是有利於賺錢，且不違反法律，就怎麼好用怎麼用，完全不必考慮過多。

浙商認為，在商場上，首要的不在講不講感情，而在於合法不合法，只要合約是在雙方完全自願的情況下達成的，並且符合有關法規，那麼，結果即便是再不公正，也只能怪吃虧的一方，

為什麼事先不考慮周全？

浙江人也許在生活上是有禁忌的，但是在做生意上，浙江商人百無禁忌，前提當然是在守法的範圍內。不管你是誰，是友也好，是敵也罷，只要有錢賺，浙江人照樣和你做生意。

曾經在一個全國性的商務會議上，有一個商人表明自己有很好的經營投資專案，希望能與別人合作。雖然大家都跟那個商人有說有笑，但是對於和他做生意大家都閉口不談。因為他的名聲一直不是很好，都說他不真誠，試想，誰願意與一個聲譽不好的人合作做生意呢？

一個浙江商人聽了他的想法以後，覺得不光有可行性，並且很有「前途」，於是會議結束後，浙江商人經過再三考察和驗證，頂著眾人的壓力和那個商人簽訂了合約。

有朋友問這個浙江商人不怕被那個人騙嗎？這個浙江人說：「我做生意不習慣把個人的情感傾向放在裡面，不打破這種心理局限性，哪來那麼多生意可做呢？」

這個浙商不受局限，獨闢蹊徑，結果發了大財。

把個人情感加在經商做生意裡，其實是一種自我束縛。從「生意就是生意」這一信條的角度看，當一般人還在僵化的道德倫理觀念面前猶豫不決、徘徊不前的時候，浙商早已經把簽好的合約，拿在手中了。

② 商業團隊別出現家庭成員

　　浙江人確實有抱團打天下的習慣，但那是在創業初期，當一個企業已經初具規模，走向軌道的時候，如果商業團隊裡還存在家庭成員，就好比一個朝廷中有外戚。皇帝有三宮六院，哪個妃嬪得寵，就如同「一人得道，雞犬升天」，浙商清楚地看到「外戚」的危害，更瞭解步入「李隆基」後塵的後果。

　　寧波方太廚具有限公司董事長茅理翔堅決地提出，一個正規化的企業，家族管理制度必須要改。

　　1985 年，他創建承包了一個工廠，1986 年國家宏觀調控，馬上出現了風波，於是，廠裡的員工走的走，散的散，連親自培養的副廠長都走了。但茅理翔並沒有放棄，他覺得這反而是一次機會，以前光給別人加工零配件，利用這次機會倒可以尋找新的產品。

　　他找來了自己的親戚，傾力合作，眾志成城，起初收到了不錯的效果，可後來慢慢有了變化。先是有兩個兄弟結了婚，後來有人為了加薪、升職明爭暗鬥，甚至為了能多賺錢，兩兄弟居然大打出手，全然不顧大家是在為同一個目標而奮鬥，為共同的利益而努力，當初的團結蕩然無存，這時，大家都開始為了爭取自己的地位和利益撕破臉皮。

　　這種爭鬥持續了很久，一次次的調解並沒有起太大的作用，而且，在一些親友佔據實權的位置上，竟然拒絕引進新人才，專權獨攬，在這樣的情況下，茅理翔全面引進本科生、研究生聘任

中高層幹部，撤換了所有專任要職的親友，公司至此輸入了一批新的血液。

　　任人唯親是很多人的慣性思維，因為血濃於水，誰都想讓親人跟著自己有更好的發展空間，而且我們也往往更習慣於相信親人。正是這種人性的弱點蒙蔽了商人原本精明的頭腦，讓他們在經歷過各種陷阱之後，仍舊逃不過任用親人的慣性思維。相較之下，浙商則理智得多，在他們的心裡，親人就是親人，而合作夥伴就是合作夥伴，他們從根本上遏制了親人的「陷阱」，最好的方法不外乎是在團隊形成之初，就拒絕接受家庭成員。

③ 打破家族企業，建立現代企業制度

傳說，堯在選接班人的時候，他召集四方部落的首領，對他們說：「我老了，你們看誰來做我的接班人合適呢？」

有人說：「您的大兒子丹朱不錯，他能力出眾，可以繼大任。」

堯說：「不行，丹朱不遵禮法，喜好爭鬥，不能讓他做首領。」

有人說：「民間有一個叫舜的年輕人，德才聞名天下，可惜只是一個普通百姓。」

堯說：「普通百姓怎麼了，只要他德才兼備，能夠勝任帝位就行。」

有人說：「他早年喪母，父親又娶了一個後娘，生了一個弟弟。他父親愚拙、後娘歹毒、弟弟刁蠻，他們三人幾次設計想害死舜。但是，舜並沒有因此惱恨父母和弟弟，依然像過去那樣孝敬父母，親善弟弟。」

於是，堯派人把舜召來，決定好好考察舜。經過三年的考察，堯認為舜是一個合格的帝位繼承人，就決定把帝位讓給舜。

這時，有人對堯說：「帝位還是應該傳給您的兒子丹朱，這樣才合常理，您這樣做，您的兒子肯定會不高興的。」

堯說：「我兒子丹朱的德才都不能與舜相比，把帝位傳給舜，雖然丹朱不高興，但是對天下人有利；把帝位傳給丹朱，丹朱雖然高興了，但是受害的是天下人。我不能為了他一個人高興而讓天下人受害啊！」

於是，堯把帝位禪讓給了舜。

這個故事也可以套用在企業中。也就是說，不要因為個人的私心而不顧企業的生存和發展。現實中，有很多企業都是這樣的，他們習慣於把自己的親戚朋友都拉攏到自己的團隊裡，結果在管理的時候就會出現很多麻煩，有的甚至因為這些關係讓一個企業走向滅亡。要想讓企業有大的發展，不唯親是用也是很重要的原則之一。

康奈集團在開始的時候是一個典型的家族企業，這種制度讓康奈在創立之初取得了極大的成功。

但是隨著企業的發展，家族式管理的模式逐漸顯現出弊端。尤其是當企業需要走向國際化的時候，一個決策就不是家長拍板這麼簡單的事了。

康奈意識到了這個問題。康奈集團副總裁鄭萊莉說：「家族企業是一種好的企業組織形式，它具有決策靈活、溝通便捷、忠誠度高等優勢。但是，如果家族企業不能建立起現代企業管理制度，就會給家族企業的發展帶來障礙，包括優秀人才難以引進、難留住等問題。所以我認為，在家族企業的管理中，關鍵是要避免家族式的管理，要儘快建立一套規範的、符合企業實際的現代企業管理制度。」

在談到家族式企業的弊端時，挺宇集團董事長潘挺宇這樣說道：「家族企業很容易形成一座家族堡壘，所以我們也是不斷地有意識地去打破它，當然，我們也是看到了一些弊端。」而且，

家族企業制度在用人的時候，很難使優秀的人才真正地進入管理層。因此，這種模式在很大程度上限制了優秀人才的合作和加盟。

海外浙江商人，巴黎飛天公司總經理張遠亮說：「我發現，在巴黎，我們溫州人做幾百萬的生意容易，做上千萬的生意就困難了。這就是很多人總結國內溫州老闆的問題——遭遇『成長天花板』，企業做到一定程度，就出現了成長瓶頸。我們在海外更是如此，這幾乎是所有溫州人的通病。」

其實形成這種「成長天花板」最主要的原因就是家庭作坊的管理模式。家庭模式適合於企業早期起步階段。但做到一定程度，問題就來了——企業制度結構、企業家素質以及領導體制，都成了繼續做大的障礙。

精明的浙江商人從家族創業起家，但在發展中總結了家族企業的弊端。他們已經知道，企業要發展，並不能僅僅依靠家族力量，要善於打破家族企業制度，讓更多的外來人才加入進來，促進企業持續健康地發展。正是因為新一代的浙商有意識地拋棄家族企業的模式，浙商的企業越來越強大，發展也越來越好。

4 舉賢避親，任人唯賢

在萬科公司的制度中，最重要的原則之一就是「舉賢避親」。新員工在就職時，如果有親友在萬科工作需要申報；在同等條件下，優先錄用在萬科沒有親屬關係的求職者；親戚、情侶都不能在同一個公司任職。

作為萬科集團的創始人，王石從不任用自己的親戚、朋友和同學。在 1989 年，王石離開公司去外地學習一年。回來後發現，他的一位表妹在公司上班。雖說這位表妹本科畢業於吉林大學國際金融學系，是公司需要的人才，但王石還是硬下心腸勸說表妹離開了萬科。他的道理很簡單：如果你有本事，去哪裡都能發展；如果你沒本事，我更不會留你在這裡混日子。表妹走了，後來在其他公司同樣有了很好的發展。

王石的率先垂範和嚴格的規範制度，保證了萬科人際關係的單純化。與萬科如出一轍的還有蒙牛。

小李與牛根生有親戚關係，憑藉自己的實力，被主管奶源的總經理推薦作為液態奶事業部的接班人。但當牛根生拿到推薦報告後，未加任何考慮就駁回了，理由只有一個：小李與自己有親戚關係。牛根生在這件事上堅持了原則，為其他的部下做出了榜樣。

臺灣燦坤集團也曾是擺脫家族式企業最成功的例證。在創業初期，燦坤集團也具有濃厚家族色彩，由吳氏家族和蔡氏家族分別把持著企業要職，隨著企業的擴大，董事長吳燦坤日漸感到家族企業的瓶頸，於是先勸退了在企業中任高職的吳氏、蔡氏家族

成員，然後，自己也把總經理職位讓了出來，讓企業注入新鮮力量，發展更快。

一個上市公司，管理規範、透明、公平的原則是十分重要的，從這個角度理解，當企業達到了一定的規模水準和管理水準後，是需要舉賢避親的。隨著未來市場人才流動速度的加快以及高階人才數量的增加，企業可選擇的空間進一步擴大的時候，隨著公司的規模和管理規範程度的提升，舉賢避親會成為企業達到一定境界的管理指標。

要想成功，必須經歷身心的磨練，要打破家族制度，也並非一帆風順，奧康集團董事長王振滔就曾遭遇過「分家」的痛苦。他首先是和合夥人「分家」。當時奧康被分成了兩份，對方拿了現金，他分到了廠房和設備。對方那邊所有的親戚和很多員工都走了，工廠有兩、三個月都處於癱瘓狀態。

但改造企業管理制度，必須經歷疼痛，通情達理的妻子知道丈夫的信念，主動放下手中的大權，回家做起了相夫教子的專職太太。然後，王振滔不斷招賢納士，使新奧康的管理層裡，幾乎沒有了家族成員的身影，一大批高階管理的職位換上了外來高素質的人才。公司從廣東沿海地區引進了一大批人才，這些人為奧康立下了汗馬功勞。

可是，有一位負責企業內部管理的經理因為業績突出，人品又好，在他周圍立刻出現了一個小團體，公司內部的員工都很信服他，慢慢地，王振滔聽說了此事，他認為絕不能這樣下去。否則剛剛解散了一個小家族，又來了一個小團體。於是他就找那位

經理談話，希望他能離開公司，雖然不滿，但是經理還是離開了。

如今的奧康，已經成了一個沒有血緣關係的「大家族」，所有員工齊心合力，在公司內部，形成了「有德有才，提拔重用；有德無才，培養使用；無德有才，限制使用；無德無才，不可留用」的用人哲學。

5 實事求是，不以貌取人

愛美之心人皆有之。在商場中，以「美色」破壞了商務邏輯的實例也不少見。對於這種情況，浙商多能理智地對待和處理，他們從不把感情和商業混為一談，儘量在公司招聘人才時就避免這樣的事情發生，「以才為先，絕不以貌取人」是浙商堅持的基本原則。

在識人的過程中，一些企業管理階層往往被女性工作者的外表和誇誇其談的氣勢所迷惑，委以重任，結果對方卻不見得能勝任該職務。那麼要如何更快識別和發現潛在的人才呢？

聽其言看其人：有才能的人在公開場合不會說太多的官話、假話，他們大多數是在公開場合下表達自己的建議和意見，可以本能的反映真實情感。

觀其行看其志向：一個人的行為可以體現一個人的理想，任何一個人一旦進入自己希望的角色，就會為了保住這個角色而盡責。特別是選擇女員工時，千萬不要以外貌作為第一評判標準，質樸自然的言行和踏實勤懇的作風遠比阿諛奉承、矯揉造作實用。

相貌平平的女員工更能在工作上做出貢獻，以實力說話，而不會像那些擁有漂亮臉蛋的女人一門心思只想著如何去討好上級。潛在的人才雖處於成長發展階段，但只要是人才，就必然會有一些好的素質體現出來。一位善識人才的「伯樂」，正是要在「千里馬」無處施展拳腳之時辨別出他是一匹與眾不同的馬。

企業選擇人才後，管理就開始成為一項人事藝術。上下級的

關係往往是微妙複雜的，既要保持良好關係又不能摻雜感情因素。以權力為紐帶的上下級之間，即使再融洽、再和諧，雙方也難免不同程度互存戒心，相互提防。他們呈現的是一種既對立又和諧的關係，共存於一個微妙複雜的共同體。

6 朋友和金錢之間要有界限

　　浙商和朋友之間很少涉及金錢，他們之間朋友是朋友，金錢是金錢，分得十分清楚，一般不把友情摻入金錢，也不隨便借錢給別人。

　　浙商之間的朋友，大家彼此都很不錯，若在一起吃飯喝酒，這樣的朋友關係就表示你是他喜歡的朋友，他願意和你經常來往。但是你要是借錢，他們通常很少答應。這不是因為浙商不喜歡自己的朋友，也不是因為大家彼此之間不信任，而是他們處事的一種精明。

　　浙商是十分自傲的，他們一般情況下絕不肯輕易向人求助，即使遇到了困難他們也首先是依靠自己的力量來解決，很少向別人尋求幫助。

　　浙商在生活上借錢，與他們在生意上的借貸是不一樣的。假如一個人向自己的朋友去借錢，那說明這個人已經處於生活比較困難的時候了。有人借錢給浙商，他就總是感到忐忑不安，心裡總是想著怎麼樣把錢儘快還給自己的朋友，見了朋友也會感覺很不好意思。雖然朋友對他仍然很親密，甚至那人渾然不覺借錢人的尷尬。而借錢人為了避免這種愧疚的心情，一般就會迴避自己的朋友，希望自己儘快地還錢，那樣自己才覺得在朋友面前能夠坦然，有了這種心理，這樣的朋友就會因為金錢變得很不自在，讓人感覺不舒服。

　　而自己一般不會說明還錢的時間，這樣就是朋友什麼時間有了錢，就什麼時間來還，而自己若剛好缺錢，許多事情急切需要

資金辦理，但是會很不好意思去要錢，而自己的事情卻不得不去向別人借錢，這樣，大家的心裡都會不舒服。所以，浙商之間會心照不宣地達成一致的默契：不借錢給自己的朋友。

許多浙商開的餐館貼著這樣的一首歌謠：「我喜歡你，你要借錢，我不能借，怕你借了，以後不再上門。」說的就是這樣的意思。

浙商喜歡放高利貸收取利息，這是他們的傳統，他們自己如果有閒餘資金在手的話，就會把這些錢放出去收取利息，而如果湊巧有人需要錢自然就可以去借貸了。所以，浙商沒有錢的時候，喜歡去借貸，來充實自己的資金或者暫借資金來渡過難關。但是向他人借貸資金是一種商業行為，這與向朋友借錢的行為是不一樣的。

有個故事是這樣說的：

一個寧波人梁波借給了他的朋友老陳 1000 元人民幣，明天就要到期了，但是老陳根本沒有錢可以還。梁波三天前就已經提醒老陳，還有三天就該還錢了。「到明天梁波一定會來要錢的」，想到這裡，老陳坐臥不寧，煩躁地在房間裡走來走去。

「你為什麼還不睡覺？」他的妻子問他。「我向梁波借了錢了，明天早上非還他不可。」「你現在有錢了嗎？」「我連一個子兒也沒有呢！」「既然這樣，你就睡覺吧，著急的應該是梁波而不是你。」

老陳妻子的話代表了我們處理債務的一般態度，既然沒有錢就乾脆放心休息，反正著急也沒用。而事實上，梁波也確實沒有

辦法，自己的朋友沒有錢，如果逼朋友還錢，那與朋友長久培養起來的感情就會因此而崩潰了。而打官司更是浪費自己的錢財，對朋友間的感情更是致命的打擊。

　　因此，洞悉人情的浙商說：「借錢，即是掏錢給自己買了個敵人。」

經商也要重義氣
不要過河就拆橋

「分享不是慷慨，對創業者來說，分享是一種明智。」

正泰集團董事長　南存輝

話說「受人之恩，當湧泉相報」。在商業戰場的無聲硝煙中，即使當年的施恩者已轉變成了有「心機」、懂「算計」的競爭對手，重義氣的浙江商人，也絕不會做出背信棄義、過河拆橋的事情。對於浙商來說，做人要講義氣，經商也一樣。

1 「分享」才能更快地發展

善於「分享」，是浙商創業成功的有效方法之一。現在的很多經營方式，如加盟連鎖、貼牌生產等，實際上就是一種「分享」精神，讓合作方分享自己的技術、管理、品牌等，如麥當勞、肯德基用的就是這種方法。擁有「分享」精神的好處是，已成熟的、有知名度的企業輸出品牌、戰略、管理、技術等，收穫的是資金和快速擴張；加盟者輸出的是資金和部分利潤，得到的是成熟企業的一些基本要素，如品牌、管理、技術、穩定的市場，這樣，合作就變成了雙贏。

構成一個企業生存和發展的要素很多，其中關鍵的因素包括資金、戰略、管理、技術、市場。對於一個創業者，或是還不成熟的企業來說，進行正確的戰略、財務、管理、技術、市場的規劃與實施，都是一個巨大的難題，因為他們缺乏經歷與經驗，也

缺乏品牌。對於一個成熟的企業來說，迅速的擴張無疑面對著資金與人力資源的缺乏，因為資金與優秀的人力資源總是稀缺的。而「分享」剛好滿足了彼此的需要，解決了彼此的發展難題。

很多時候，合作方其實就是幫助我們「過河」的人，因為他選擇了與我們共同贏利，而不是和別人，這也是一種幫助。浙江納愛斯集團的負責人莊啟傳，就把這種合作比喻為婆媳關係：在處理利益糾紛時，納愛斯的原則是，寧可自己虧一點，也要保證「媳婦」過得去。納愛斯還專門制訂了「婆媳關係」準則。只要納愛斯的品牌影響力和市場佔有率以及產業鏈管理得健康有序，按照這個準則，「婆媳關係」就一定能和諧愉快。

納愛斯只算大賬不算小賬，只從合作中獲取整合優化資源配置利益，不會謀求額外利益，必要時即使不贏利，也要讓合作方有得賺。平等待人，相互謙讓，必要時甚至避讓，以屈求全。這種「分享」精神就是納愛斯的經營祕訣。

分享不只是與客戶的分享，還包括創業合夥人之間的分享。

創業需要平衡利益。一起玩命的前提是共贏，創業的利益平衡法則是「不奪別人該得的，甚至還要學會放棄一些自己的」。浙江人常說：「妄想獨吞全部，最終只能吃飽一頓！」

2002 年 11 月，中國軟體業又產生了一位「上市暴富族」──杭州信雅達軟體公司的老闆郭華強，他個人共計持有2000 多萬股信雅達股份，市值 5 億人民幣。與中國第一批致富者複雜而曲折的原始積累相比，郭華強的財富聚積正如他為自己公司取的名字一樣，可以稱為「陽光庭院裡的財富」（信雅達公司

的英文名是 SUNYARD，意即陽光庭院）。

郭華強看了一本叫《一個值 10 億美元頭腦的人》的書之後，被這本書深深觸動了，他很想知道，自己這顆腦袋到底值多少錢？於是，郭華強手中攥著與朋友一起湊來的 5 萬人民幣，開始了創業的步伐。經過多年的打拚，信雅達目前在銀行票據電子影像處理（光碟縮微）系統市場的佔有率幾近一半，穩居第一。

在公司的團隊中，公司副董事長許建國持有 600 多萬股，市值約 1.5 億人民幣；公司總工程師朱實文持有 360 萬股，市值 9300 多萬人民幣；還有 10 名公司技術和經營階層也分別持有 1000 萬人民幣以上市值的信雅達股票。今天這些價值千萬的股票，是兩年前郭華強以每股 1 元人民幣的象徵性價格「贈送」給公司管理團隊的成員的。

郭華強的慷慨是有充分合理的理由的：在暴漲了 27 倍的創業收益中，包含了公司核心層員工的創業價值，為了企業的長遠發展，應該給予他們股份！

信雅達集團清楚地認識到，人才是公司的第一生產要素，尤其是軟體公司。由於軟體企業的「核心機密」裝在幾個關鍵員工的腦袋裡，人在項目在，人一走項目也就完了，這幾乎成了許多軟體企業的宿命。因此在給核心員工戴「金手銬」的同時，郭華強還一直在營造一種叫「陽光庭院」的企業文化，讓企業的陽光照到每個員工，甚至每個合作者的身上。

2 主動幫助你的「貴人」

　　一次，浙江商人王月香和她的丈夫一起搭乘陝西地質學院的旅遊車由西安回浙江。路途中，鄰座的一位地質學院的教授不慎丟失了錢包，正在教授左右為難的時候，王月香慷慨解囊，她掏出 1500 元人民幣塞到教授的手中，說：「出門也挺難的。這點錢夠用了吧？」

　　教授十分感動，他當即掏出本子，詢問王月香的姓名和地址，表示一定會寄還這些錢。

　　王月香笑笑說：「我們既然要給你，就不要你還的。這也是緣分，就算我們交個朋友吧。」

　　教授無法推辭，就遞上了自己的名片，說：「你們在外經商，也不容易，錢，我一定要還的。如今像妳這樣的人太少了。」

　　原來這位教授姓屆，是一位地質專家，已多年參與西北地層石油蘊藏的勘探與研究。就是這位屆教授，給王月香提供了到西部打油井極有價值的資訊。

　　浙江商人王招富在鄭州經商創業的時候，曾經遭遇過一些挫折。1989 年，因為生意紅火，竟然招來了綁架勒索。還有一次，他們的商鋪竟然被地痞流氓搶劫。這些挫折讓王招富明白了，出門在外經商創業，一定要有他人的幫助，不能單槍匹馬。

　　於是，1998 年，王招富受浙江省溫州市經協辦和鄭州市工商聯合會的委託，開始籌備鄭州市總商會浙江商會的工作。1999

年，鄭州浙江商會成立，他當選為會長。「現在生活在鄭州的浙江商人有 5 萬多人，分佈在各行各業，成立商會的主要目的是為他們的利益吶喊和為他們維權。」

作為一個社會人，你在經商的過程中，必須要有他人的幫助。如果他人幫助你，那是因為對方重視人際關係，如果你只是一味接受幫助，而不幫助他人，顯而易見，他人就會減少對你的幫助。

這並不是說這個社會是功利的，而是人與人之間的幫助應該是互相的，只想得到不想付出的事情是不太可能的。因此，如果你想在經商的過程中能夠得到他人的幫助，你首先要學會幫助他人，為自己積累良好的人脈關係和口碑，在你需要幫助的時候就能夠隨時找到合適的人。

華人首富李嘉誠曾經說過：「對其他需要你說明的人有貢獻，這就是內心的財富，是真財富。如果是金錢的財富，你今天可能漲，明天又可能掉下去。但你幫助了人家，這個是真財富，任何人都拿不走。」這句話非常正確。出門在外的浙商，在摸爬滾打中早就體會到互相幫助的重要性，因此，他們總是習慣性地為他人提供一些幫助，從而為自己獲得良好的人脈關係，開創事業更多的可能。

2001 年 7 月 11 日，《浙江日報》曾經報導了一件奇怪的事情：在宜昌的一些浙江人居然在當地媒體亮相稱要開門收徒，傳授創業經營之道。

原來，一位宜昌失業者想學做鞋類、服裝生意，希望自己能

夠在經營上學到一些經驗，於是，向宜昌浙江商會求助，希望能夠有浙江老闆收其為徒弟。浙江商人要收徒的事被當地媒體報導後，一石激起千層浪，許多宜昌人都想拜浙江商人為師。

宜昌政府對此非常支持，認為這是協助宜昌發展的一種好方式。因為，在宜昌的一萬多名浙江人在自己的行業內都做得相當不錯。

於是，許多浙江商人紛紛開始招收徒弟，願意傳授自己的經商之道。浙江商人陳鑠榮第一個在媒體亮相招收徒弟。他說，招徒不是招打工者，也不是招生意合夥人，而是要真心地傳授經商之道，把浙江人的觀念植入宜昌人的腦袋。若能借此帶動當地市場經濟的繁榮，那是最好不過的。如果學得好，保證不出兩年，每個徒弟都有能力獨立經營一個店鋪。

第一個被浙江商人招為徒弟的李君陽在浙江老闆的帶領下，學到了不少經商之道。他認為，浙江老闆做事的快節奏、對待客戶的誠信度，讓他感觸頗深。

儘管浙江商人收的徒弟在學成後容易對浙江商人構成競爭關係，但是，這些浙江商人認為，多一個朋友，多一條道路，如果能夠培養一些相關的同行，建立合作同盟的關係，這也不失為經商的一種策略。

有付出才有回報，天下沒有免費的午餐，與其等著他人來幫助自己，不如先主動去幫助他人，也許，在你需要幫助的時候，「貴人」就會出現。

3 重義的浙商

義是什麼？大儒孔子、孟子早已解釋得清清楚楚。義氣、誠信基本上是儒家宣導的價值觀念。義的基本含義：一是忠於朋友，同生死，共患難，一諾千金；二是行俠仗義，扶危救難，路見不平，拔刀相助。

人一生中能夠遇到貴人相助是非常幸運的事，在自己不得志或危急關頭，貴人的提攜，就好比一股東風。但有些人在受人提攜、功成名就之後，生怕別人說自己的成功是受人家「提攜」得來的，往往想將過去掩飾，口口聲聲說「一切都是靠自己打拚」，絕口不提貴人的幫助。有的人甚至背叛貴人，但這絕對不是浙商的所為。

李南出生在寧波，大學畢業後找不到合適的工作，就想自己創業。沒有充足的資金和人脈，使李南的創業之路一再受挫，幸而在關鍵時刻有貴人相助，邁出了成功的第一步。天有不測風雲，就在李南的事業蒸蒸日上的時候，曾經相助他的貴人卻面臨公司倒閉的危機，一蹶不振。李南看到貴人有難，當下決定拿出進貨的 80 萬人民幣幫助他度過危機。

三十年河西，三十年河東，貴人也有遭難的時候，或事業不順、企業破產；或被降級撤職；甚至違法犯罪進了監獄。但作為被提攜的你不應離他而去，要在他危難之時給予他加倍的關懷和幫助。千萬不能因為別人罵他而與之「劃清界限」，更不能隨波

逐流，反戈一擊。人的命運往往是身不由己的，難免有犯錯誤或走背運的時候，但這不一定代表他是個品德敗壞的人，也不表明他從此會一直沒落下去。這時浙商會始終如一憑自己的良心對待他，而這時你的幫助對他來說，無異於雪中送炭。

即便他深陷囹圄或一蹶不振，只要你不過河拆橋，在他陷入困境的時候拉他一把，總有一天，會有更多的貴人來幫助你。

在長期爾虞我詐的不正常、不健康的商業環境中，不少人看到一個商人若是講義氣，就會暗笑其不知變通。事實上，很多的例子告訴我們：聰明過頭，又只想自己的人，反而會誤了自己。做一個講義氣、重信譽的商人會有很大好處。抱樸守拙，向來是中國哲學中的最高智慧。

講信、講義貫穿於浙江商人古往今來的歷史中，從外表到裡層浸透於浙江人全身。一個「義」字，一個「信」字，把浙江商人修整得正直誠信。生意經上萬條，但皆以正直為本，這是浙江商人的信條。這不僅適用於一般的人際交往中，即使在爾虞我詐的商場，浙江商家也多抱定：做生意一不能虧良心，二不能對不起朋友。正因為如此，浙江商人以其良好的商業道德和信譽取得了人們的信賴，也為自己樹立了良好的商業形象。

浙商的義氣是心裡的，不是貌似好客，實則重利、重錢。浙商從不否認自己重利，但是也從不為了利益出賣朋友，利與義在他們心裡都有著舉足輕重的位置。

浙江人外出經商格外看重鄉誼。身處異地他鄉，免不了會遇到各種麻煩，而在這時候最值得信賴的朋友，在浙江人看來便是老鄉。在外經商的浙江人講究一種團體精神，古時即有所謂「浙江商幫」，浙江會館遍佈各商業都市。作為這種商業團體的紐

帶，便是鄉情、鄉音、鄉誼。也正是因為如此，浙商才能取得眾家之長，成為一個講義氣、有誠信的商業群體。

浙江人有著比較深厚的家園意識，這是一種無法抹去的深層文化心理。與浙江人做生意，就必須考慮到這一點。浙江人善於談判，也很固執，過了警戒線即雷打不動。不過在對方動的時候，浙商也是善變的，這種看似矛盾又很實用的表現正是最適合經商的。

浙江人還把友誼看得很重，他們不經常和人掏心掏肺，但一旦認準一個朋友，寧肯自己吃點小虧。當然，他們也是有底線的，和朋友做生意，不允許對方欺詐、不講「仁義」，如若那樣，雙方可能會不歡而散，再也不會有生意上的往來了。

浙江人講義氣，愛交朋友。對待朋友，崇尚誠信，遇上困境、厄運，也不輕易向朋友張口尋求幫助，但假如朋友有難，就會發揮自己能言善辯的特點，赴湯蹈火在所不辭。

此外，今天的浙江人甚至把自己對朋友的義當做商業資源，運用於現代商戰。

走南闖北任我行
敢於冒險才能贏

「人的一生總會面臨很多機遇，但機遇是有代價的。有沒有勇氣邁出第一步，往往是人生的分水嶺。」

網易創始人 丁磊

浙江商人沒有那種守成享福的思想，他們有了錢便立即投入更大的事業；浙江商人恥於安守家業，他們寧願背井離鄉，到外面的世界拚搏創業，也不願守著狹小舒適的家園而碌碌無為。他們走南闖北、四海為家，敢於冒險的精神和勇於開拓的精神，在他們的商業活動中顯露無遺。

1 哪裡有生意，哪裡就有浙商

　　寧波商人是浙商這個群體中最有闖勁的一群人。「無紹不成衙，無寧不成市」，與紹興人善在官府中做事相對應，寧波人一向以巨大的商業成就飲譽四海。寧波古稱「鄞」，就得名於商業，《辭海》注曰：「以海人持貨貿易於此。」

　　寧波商人曾形成過一個大商業群體，史稱「寧波商幫」。自明清以來，寧波商人在面對商業競爭時沉著老練，表現較佳，被稱為「商界常青樹」——因為由晚清到近代，很多歷史悠久的商幫在西方商業的衝擊和本土封建主義的抑制下逐漸沒落，而寧波商幫卻不退反進。究其原因，在於寧波商人對商業有著出眾的嗅覺，善於抓住機遇，善於適應更複雜的市場環境，善於開拓進取，順應時變，從而完成舊式商幫向近代商業集團的轉化。

　　寧波商人沒有杭州人那麼多的家園意識，以四海為家，「航

海梯山，視若戶庭」。寧波商人也沒有北方人那種守成享福的思想，他們有了錢便立即投入更大的事業。

寧波商人恥於安守家業，他們寧願背井離鄉，到外面的世界拚搏創業，也不願守著狹小舒適的家園而碌碌無為。他們四海為家，冒險犯難。

早在 19 世紀末 20 世紀初經濟飛速發展的上海，寧波人就不失時機地在十里洋場插了一腳，此後寧波商幫滿天下，風雲人物輩出，還出了兩個世界級船王（董浩雲和包玉剛）。分佈於海外的寧波人，始終保持經商傳統，老一輩的寧波商人的後代又成為新一代的商人，在海外商界形成「寧波風」。

寧波商人不知為什麼，彷彿從小就有「男兒志在四方」的秉性，他們之中許多人一生闖蕩江湖，走南闖北，以求在他鄉開花結果。寧波人有一種頑強開拓、敢於冒險的性格，使他們在商業活動中叱吒風雲。

自鴉片戰爭後，寧波作為通商口岸向外國開放，成為外國商品傾銷和外來文化滲透中國的口岸之一，很快地寧波商人便把商業眼光移到海外，把生意做到海外，其活動地區達到東南亞和歐美各國。他們之中很多人在遠涉重洋後，成為當地的商業鉅子。

香港也是寧波商人的活動基地，有不少寧波鉅賈定居香港，也有一些寧波商人在香港立足後，再去他地經商，或把總公司設在香港，在世界各地廣設分公司。

19 世紀末和 20 世紀 40 年代，寧波人曾兩次大規模地漂洋過海，遠離家園前往日本和歐美等地以及港澳地區創業。第一次是在光緒、宣統年間，這一時期移居海外經商的人數多達近 10 萬

人；第二次是國民黨統治即將結束的前夕，大批的寧波商人移居
到香港和澳門地區，或以臺灣地區為跳板，轉向歐美及大洋洲發
展。據有關方面統計，移居港、澳、臺地區及海外的寧波人大約
有 7 萬多人，他們遍佈於日本、美國、新加坡、英國、俄羅斯、
澳洲、馬來西亞、加拿大等 50 多個國家和地區。

　　日本是寧波商人早期活動的地域之一，他們在日本商界有一
定的影響。如 1870 年張尊三到日本做漁產生意。當時，日本北海
道、函館對國外開放，中國商人相繼赴日經商，控制了北海道的
海產市場。日本為扶植日商，曾設立廣業商會，以控制海產品貨
源，排擠華僑商人。張尊三在這種情形下，親赴漁場，直接從漁
民手中收購海產品，開闢新的進貨管道，降低成本，增強競爭能
力，他還向日本漁民傳授魚翅加工技術，將他們原來廢棄的鯊鰭
加工成美味的魚翅，並向他們預約收購，銷向中國。

　　從此，加工魚翅成為北海道漁民的生財之道，張尊三也得到
漁民的友好對待，並贏得「魚翅大王」的稱號。因為成就卓著，
1885 年被僑胞推為函館華商董事，1916 年日本天皇還為他頒授藍
綬褒彰（藍綬褒彰是日本國最高榮譽），張尊三是獲日本政府贈
予這種褒彰迄今為止唯一的中國人。

　　在歐美的寧波人也很多。如寧波人應行久，是美國十大華人
集團之一「大中集團」創辦人，也是美國華商總會創始人。1946
年，他在上海開設合眾汽車公司、立人汽車公司，經營美國通用
汽車公司的汽車。

　　1947 年移居美國，初在紐約市最繁華的時代廣場租店銷售東
方禮品。1973 年後，他聽說世界博覽會即將在紐約舉行，當機立

断，買下紐約市世界貿易中心 107 層摩天大樓頂層，精心設計，開辦一家富麗堂皇的禮品公司。那些前往紐約的遊客，幾乎都要登上這座舉世聞名的摩天大樓頂層。遊客大至，應行久自然大獲其利，應行久先後十次投資博覽會，獲得豐厚的利潤。

　　東南亞各國也是海外寧波商人的活動地域，在新加坡設有寧波同鄉會。鄞縣人胡嘉烈曾任該會會長多年，他是與愛國華僑陳嘉庚、萬金油大王胡文虎齊名的新加坡華僑鉅賈。

　　1924 年，他剛到新加坡時，在一家商店當學徒，1935 年創立立興企業公司，經營汽燈購銷業務，並在上海設立立興申莊，訂購上海生產的汽燈，銷往香港。數年後，發展成綜合貿易公司，並開辦五金製造廠，生產汽油燈、煮食爐和家具，總公司在新加坡，並在馬來西亞、印尼、泰國、香港、加拿大、英國等國家和地區開設分公司。

　　如今，世界各地的浙商越來越多，他們的實力越來越大，這跟他們的闖勁是直接相關的。

2 險中求穩，勇於開拓新路

精明的浙江商人並不做無謂的冒險，他們在事業有一定根基之後，多堅持穩妥的經營作風，先謀後斷，步步為營。成功的浙江商人包玉剛一貫奉行的座右銘是「寧可少賺錢，也要儘量少冒風險」。他常說：「我是個銀行家，不是賭徒。」

在企業的發展中，企業家的冒險、開拓、創新精神有著極為重要的作用，因為新的行業領域、新的產品往往給企業帶來的利潤遠遠高於舊行業的平均利潤。當利潤豐厚的新產品在市場上出現後，仿製品和替代品也隨之出現，於是生產該產品所得到的實際效益便開始逐漸下降，直到各生產者和經營者獲得大致均等的平均利潤。因此，只有不斷開發新產品和開拓新的市場，才能獲得比同行更高的利潤。

由於浙江商人經常外出，其生存處境的艱難，練就了浙江商人不怕艱苦、頑強開拓的性格。「向外開拓，勇於闖蕩」成為歷史上浙江商人的一個顯著特徵。明清時期浙江商人外出闖蕩已蔚成風氣。進入近代，外出創業更成為浙江商人的人生抉擇。浙江諺語「要想富，走險路」、「要竄頭，海三灣」（要想發跡，就得出海闖世界），就是當年浙江商人外出闖蕩的形象寫照。

浙江商人堅毅的冒險精神和開拓精神，在他們的商業活動中顯露無遺。

從浙江商人的經營行業看，浙江商人敢為天下先，大膽經營新興行業。鴉片戰爭後，不少浙江商人從事進出口貿易，經銷五金、顏料、洋油、洋布、鐘錶、眼鏡、西藥等暢銷洋貨，還有不

少人經營房地產業、保險業、證券業、公用事業和新式服務。這些行業都是當時中國商人的「新鮮事」，因而效益極好。

經營錢莊也同樣是冒險的行業，不但需要有巨額資本，更需要有專業的知識。這種利用別人的錢來生錢的行業，需要有「四兩撥千斤」的機敏，還需要有膽略，因為稍有不慎，就會陷入破產的危機之中。

浙江商人並不因為錢莊、銀行業是一個高風險的行業而縮手縮腳，他們高度重視金融對融通商業資金的作用，大膽地介入錢莊業經營，並且首先籌組商業銀行，從中獲取大量的利潤。

精明的浙江商人並不做無謂的冒險，他們是勇者，也是智者，他們在其事業有一定根基之後，多堅持穩妥的經營作風，先謀後斷，步步為營。

號稱中國錢業界「領袖」的慈溪縣人秦潤卿（1877～1966年）在其經營錢莊的過程中即以穩健著稱，他在 20 世紀 20 年代同時主持了福源、福康、順康三家錢莊，在多次金融風潮中保持不敗，並不斷擴展。

當時，由於洋貨橫行，不少錢莊與洋行關係密切，這使得洋貨暢銷，並能操縱金融市場，使錢莊成為其附庸。因而這些錢莊在一些金融風潮中被外商操縱，紛紛倒閉歇業，而秦潤卿對外商洋行戒備較深，他主持的福源錢莊從不向洋行借錢款，也很少將錢存入洋行，他還勸告同業慎重簽發銀票，不准經理人員入交易所投機，使福源及其他錢莊在 1921 年的「信交」風潮（因中國商人濫設信託公司和交易所而引發的金融風潮）中免遭衝擊。

在日常經營中，秦潤卿堅持量入為出的原則，保持收支平衡

並略有盈餘，即寧做「多單」不做「缺單」，因而信譽極好。

在業務活動中，秦潤卿放款也以抵押放款為主，其中又以房地產抵押放款為主要項目，減少經營上的風險。放款中又以工業放款，特別是對紗廠的放款為突出，次為房地產和公債。這種穩健的經營作風使其業務在穩妥中不斷發展。

浙江商人最喜歡開拓創新的地方還有開發新產品。

寧波商人方液仙（1893～1940 年）創辦和經營的中國化學工業社是中國最早生產牙粉的企業，牙粉曾經為方液仙創造了巨大的利潤，但是，隨著其他日用化工企業的開辦，牙粉銷路受到了影響。

方液仙陷入了苦悶之中，他覺得有必要尋找新的出路，於是到歐美市場去考察，在歐美市場，他注意到牙膏正在取代牙粉的趨勢，不由得大喜。他預料國內市場也將發生這種變化，於是專力研製牙膏，並於 1923 年生產出中國最早的國產牙膏——「三星牌」牙膏。該產品一上市，就供不應求，迅速佔領市場，中國化學工業社因此再度振興，成為一家大品牌企業。

竺梅先（1889～1942 年）在經營民豐、華豐造紙廠時也是如此，鑒於傳統產品黃紙在市場上滯銷，竺梅先開始冒險試製薄白紙，經過多次失敗，最終研製成功，投入生產後，大大提高了兩廠的利潤。1935 年，民豐、華豐造紙廠又試製捲煙紙成功，成為當時中國最早生產捲煙紙的國內廠家，獲得國民政府認可的捲煙製造專利權，「帆船牌」捲煙紙暢銷於國內市場，為民豐、華豐帶來了更大的利潤。

3 擁有高「膽商」的商人

繼智商、情緒智商和財商之後，「膽商」也被提升到很高的地位。它代表的是一個人的勇氣、膽略和決斷力。從許多浙商的發家史來看，他們都具備很高的「膽商」。因為，市場大潮洶湧澎湃，風險與機遇並存，膽略決定了一個人事業的成敗，但作為一個商人，膽略與思考永遠相輔相成。

溫州籍民營企業家鄭榮德，在商圈中是有名的膽大王，他始終堅持的觀點是：生意場上就是要敢冒險，膽子大，才能把握時機。因為往往一個決斷的選擇會差之毫釐，失之千里。

在鄭榮德決定在國營經濟一統天下的上海包店經營時，周圍人紛紛以驚訝的眼光看著他，「政策不允許，有風險，誰也沒做過……」眾多勸告開始蜂擁而至，但鄭榮德分析了利害關係，又反覆思量了可行性與多種經營結果，他認為假使失敗，自己並沒有損失，反而可以算是一筆寶貴的經歷與財富，但如果連嘗試的勇氣都沒有，那只能步人後塵，碌碌無為。

所以，1983 年，這個溫州小夥子的一腔熱忱終於打動了上級有關部門，批准他承包一個櫃檯，雖然如此，開先河的困難還是可想而知的。這個櫃檯只有 1.2 公尺長，月租竟達 6000 人民幣，管理費還要收取營業額的 10％。這些苛刻的條件對於根本沒有幾個錢的鄭榮德來說，無疑是巨大的風險投資，可服輸不是他的性格，借著人們對上海產品的信賴，他廣開銷售管道，爭取一切可利用資源，沒想到絕處逢生，生意越來越紅火，接著，他又在北

京路、南京路、四川路連續開店經營，收到了很好的市場效益。

網易創始人丁磊原來在寧波電信局工作時，待遇很不錯。1995 年，丁磊想要創業時，家人極力反對。但是，丁磊認準了自己的選擇，他毅然從電信局辭職了。他這樣闡釋自己當初的決定：「這是我第一次開除自己。人的一生總會面臨很多機遇，但機遇是有代價的。有沒有勇氣邁出第一步，往往是人生的分水嶺。」

上海首列磁懸浮列車冠名權拍賣時，浙江民企新湖房地產集團和上海大眾集團成為競拍的對手，結果，新湖集團以 2090 萬人民幣的天價競得了冠名權。

新湖集團的實力遠遠不如上海大眾。上海大眾的淨資產有 20 多億人民幣，每年有 2 億多人民幣利潤；而新湖集團的淨資產只有 1.6 億人民幣。由此可見，浙商的膽識非一般人所能相比。

有些人，想到什麼就去做什麼，儘管經過自身的努力，沒有實現目標，但是，他們不會有遺憾。而有些人儘管不時想到一些好點子，但是，他沒有膽量去做，結果，留給他的永遠是遺憾。

膽識是膽量與見識的結合。拿破崙說過：「一個優秀的指揮官，他的勇氣與見識應該好比等邊三角形的兩條邊，應該平衡發展，不可偏廢。」

如果兩個對手狹路相逢，勝負有以下幾種情形：如果兩人都是謀士，那麼，必然是勇者勝利；如果兩人都是勇者，那麼有勇無謀者輸；如果兩人都是有勇有謀的人，那麼，就有可能出現「既生瑜，何生亮」的局面了。

可見，有膽量還需要有見識。有勇無謀，有謀無勇，都是商業上的大忌，只有有勇有謀者才有更大的成功機會。

在現實生活中，許多人習慣於在別人成功後遺憾地感慨：「其實我也想到了，只可惜我沒有像他那樣去做，要不，我也會成功的。」這說明，看到了機遇，就應該立即行動，沒有行動，只能證明你缺乏膽識，而膽識正是經商的第一關鍵，缺乏膽識也就選擇了與成功擦肩而過，留下的是終身的遺憾。

成功的浙商都是一些有膽識的人。他們敢想敢做，儘管他們在創業的道路上也不斷有失敗，但是，正如失敗是成功之母，他們在創業的道路上學會了避免失敗，結果，他們最終都能成功。

雖然膽量和創新能夠成就一個商人，但商場畢竟是「強手如林，勝者為王，敗者為寇」的競技場，有事業有成的智者，當然也不乏在這其中經歷風雨的勇者，冰火兩重天的境遇，往往就在一瞬之間。

20 世紀 60 年代，林立人出生在溫州蒼南縣，從 14 歲開始他就自己賺錢開辦了一個小小的「為民圖書館」，免費供給周圍的孩子買書看。1989 年林立人準備創立「浙南編織集團」，由於經驗不足，對市場前景過於樂觀，一口氣簽下了生產 1 億多條編織袋的合約，結果市場需求不足，導致公司大額虧損，在還不起欠債的時候，林立人甚至變賣了家裡的電視、沙發……

一貧如洗的他在 1990 年背井離鄉，遠走深圳，當時他借住在朋友家，睡水泥地，但環境的惡劣並不能熄滅他心中燃燒的創業之火。憑著敏銳的商業嗅覺，林立人又投身房地產，準備修建「溫州大廈」。他找到一塊地，打算與當地一家房產公司合作蓋

一棟 26 層的溫州大廈，賣給溫州人。但不料，銀根縮緊，原本墊資籌建的溫州大廈籌不到一分錢，轉眼就成為了爛尾樓，這次，又讓林立人賠了個精光。

有句說話，「浙商不倒」，說的就是許多溫州商人在生意失敗後不惜重操舊業彈棉花。幾次失敗後，林立人已經徹底垮下去了，但他始終沒有放棄，總結經驗教訓，衡量投資得失，分析掌握輸贏成本。2002 年初，林立人開始經營九九加一牌數位相機，憑著一諾千金的誠信精神，網上開店達 80 多餘家，最終把生意做到了美國，而他之後也因此被眾多線民譽為「網上交易誠信第一人」，且正式被確定為 2005 年度中國十大網商候選人之一。

勇於開拓的開放精神，是浙商精神的又一精髓。但浙商的成功，並不完全靠這種膽大的做法，他們知道膽大更要心細，謹慎的對待孤注一擲，不把自己陷於絕境。

4 膽大包天的王均瑤

很多人都想知道自己是否適合創業，那麼到底什麼樣的人最適合創業呢？答案是：敢於放手一搏的人。2004 年去世、開創私人包機先河的浙商王均瑤就證明了這一點。

王均瑤是溫州龍崗人，一次出遠門，汽車在 1200 公里的漫長山路中顛簸前行，疲憊的王均瑤隨口感嘆了一句：「汽車真慢！」旁邊的一位老鄉挖苦說：「飛機快，你包飛機回家好了。」

其實這不過是一句玩笑話，但是說者無心，聽者有意。愛思索的王均瑤開始反問自己：「土地可以承包，汽車可以承包，為什麼飛機就不能承包？」哪知這個想法一說出口，立即招來了家人的譏笑，所有的人都認為他在癡人說夢。

要知道，在當時的環境和條件下，不要說包飛機，就是坐飛機也難啊，連買機票都需要縣級以上單位出具的證明！王均瑤不過是一個小小的打工仔，包飛機的想法怎麼不是癡人說夢？但王均瑤沒有輕易放棄，他獨自一人籌畫了很長一段時間，而後又進行了長達八、九個月的走訪、市場調查和跟有關部門溝通。當時幾乎所有的親戚朋友都反對，沒有人相信和支持他，但他還是毅然決然地走自己選擇的路。

1991 年 7 月 28 日，隨著一架俄製「安 24」型民航客機從長沙起飛平穩降落於溫州機場，中國民航的歷史被一個打工仔改寫了。大半年的奔波之後，王均瑤開了中國民航史私人包機的先

河，承包了長沙—溫州的航線。憑著堅忍不拔的精神，在蓋了100多個章後，王均瑤硬是在中國民航局森嚴的大門上撬開一條縫。

包機的第一年，王均瑤就有 20 萬人民幣的贏利。25 歲的他，打破民航歷史的同時也為自己贏得了「膽大包天」的個人品牌。之後，他做了更為大膽的事情：一鼓作氣包下全中國 400 多個航班，成立了中國第一家私人包機公司——溫州天龍包機有限公司，在中國航空史上寫下了特別的一頁。國外新聞媒體稱此舉為「中國民航擴大對外開放邁出的可喜的一步，中國的私營企業將得到更健全的發展」。

美國《紐約時報》做了如下評價：「王均瑤超人的膽識、魄力和中國其他具有開拓和創業精神的企業家，可以引發中國民營經濟的騰飛。」

改革開放之初，溫州街頭到處跑著巴掌大的「飛雅特」計程車，這成了溫州街頭一道特殊的風景。隨著經濟的發展，城市的擴建，小小的「飛雅特」要被淘汰了。溫州市政府要求限量投放以大眾桑塔納為計程車。王均瑤出人意料地斥資數億人民幣，在拍賣會上以平均每輛近 70 萬人民幣的價格，買下幾百輛市區計程車的經營權。

以如此大的成本投入生意，在生意人的眼中是不划算的。但王均瑤有他自己的想法，並讓人佩服得五體投地，他把車漆成統一的顏色，讓司機穿著統一的制服，載著「均瑤」滿街跑——他將計程車變成了均瑤的活廣告。沒多少天，溫州城的人們都知道了均瑤集團的「金牌服務」。

精明的王均瑤原來是看中了品牌這一無形資產。這種創新的

廣告方式讓溫州的千家萬戶都知道了「均瑤集團」，但到了 2001 年，他卻以平均每輛 80 萬人民幣的價格拍賣了百輛溫州計程車的經營權。因為，王均瑤明確了他發展的主業——航空＋乳業。

如今王均瑤被公認為成功人士，他說：「有人說像我這樣上天入地跨行業經營，就是創新，而創新一定要動足腦筋，有不一樣的想法。而想法不一樣最累，最累才能最有成果。很多人看我做到現在的樣子都說我成功，誰知道『成功』這兩個字的背後可是我 20 年的酸甜苦辣……」

是啊，任何一個成功者的背後都有著一段不平常的故事，而創業本身就是一次歷險記。像浙商那樣有膽量，敢孤注一擲，有贏錢的強烈願望，有不怕輸的心理素質，才是最適合創業的人。

5 具有特色才會贏

　　許多剛開始創業經商的人，總是習慣於跟風，別人做什麼，自己也做什麼，別人做什麼賺錢，自己也想試試。殊不知，市場是變幻莫測的，別人賺錢並不代表你也能賺錢，只有那些第一時間抓住消費者的眼睛、拿出與別人不一樣的商品的企業，才能贏得商戰獲利。

　　就像華人首富李嘉誠說的那樣：「做生意主要有三種方式：一是創新，二是改進，三是跟風。」現在都在提倡創業，然而創新是一個企業生存發展的靈魂，雖然不易，一旦能收到效果，卻費力少而收穫大；改進則是在別人的基礎上做得更好，若在適當時機亦可能造成轟動；而跟風是大多數人都在做的事情，亦步亦趨，人云亦云，這樣做起來雖然容易，風險也較小，但這樣和吃人的殘羹冷飯差不多，收穫也是很有限的，甚至可能賺不到錢。

　　在成都很有名的「卞氏菜根香」的創始人卞克，當年走出浙江去創業的時候，他也不知道自己怎樣才能做得與別人不一樣。當年，卞克以 3000 人民幣起家，先做當時比較火爆的傣家風格酒樓，主要經營傣家風味菜，同時伴有傣家歌舞的表演及傣家的待客禮儀。後來他先後經營過火鍋雞、自助餐火鍋、魚頭火鍋、澳洲肥牛燒烤、淮揚菜⋯⋯雖然也小賺了一筆，但是在這個過程中，卞克一直在思考，怎樣才能避免重複特色開店，真正創建有自己的特色、叫得響的餐飲企業？

　　1998 年，卞克想到了泡菜是四川本土最地道的家常小菜，幾

乎家家都有，人人喜愛，如果餐桌上有泡菜，定能勾起人們的親情和鄉情。於是，「成都菜根香泡菜酒樓」成立了。酒樓成立後，成功地推出了「泡椒墨魚仔」、「泡椒牛蛙」等一系列泡椒葷菜，讓顧客品嚐到了傳統美味的同時，又感受到創新菜色的誘惑。而「菜根老罎子」更是成了卞氏菜根香的獨家招牌菜。

沒過多久，幾十家卞氏菜根香連鎖酒樓就已經遍及了 20 多個省會城市，一時間，人人都從酒樓裡知道了那句「吃得菜根，百事可為」的話。卞克在短短數年時間內打造出了一個名滿全國的川菜品牌──菜根香，一度創下了一年銷售額逾 2 億人民幣的奇蹟。

卞克的成功正是因為他做到了與眾不同，可以說別具一格是他經營致富的祕訣之一，這也是很多浙商經商成功的原因之一。

無論是大飯店，還是小餐館都要有自己的特色才能在市場中站住腳，其實小商品也一樣。在美國經商的浙江義烏商人陳健華認為，在商貿經營中，一定要在特色商品上做文章。有特色的商品人們才會關注，才能迅速佔領市場，在海外經商，更是如此。

蘇州的東西是很有特色的。1997 年陳建華去美國時，帶去了紅木筷、仿壽山石、仿檀香扇等，結果被外國人搶購一空。於是，陳健華在美國經營起了特色商品，主要是江西的竹根雕、河南的健身球、蘇州的雙面繡、福建的木筷、義烏的樹脂象等。這些有特色的商品，由於在美國市場非常缺少，生意相當好。

有一句話這樣說：第一個做的人是天才，第二個是庸才，第

三個是蠢材。浙商永遠是那個第一個做的人。可見，當有些人在哀嘆經商失敗的時候，是不是也得考慮一下自己的視角是不是過於大眾化，缺乏特色呢？經商就應該有自己的特色，沒有特色就很難在商場上發展，結果只會維持在收支平衡的邊緣。只有從一開始就不盲目跟風，做與別人不一樣的事情，然後堅定地做下去，就會有成功的希望。

關係就是金錢
做生意要靠人脈

「溫州人的許多生意經是其他人無從
學起的，這主要是因為溫州人相互之
間的信任感很強，緊密相連的人脈孕
育了許多商機。」

莊吉服飾公司董事長　陳敏

生意好做還是難做，很多時候都取決於人脈關係的好壞。一個優秀的浙商往往也是一個出色的社交家，他們擁有各層次、各行業的人脈資源，憑藉這一大優勢，他們往往最先獲知重要資訊，把握最好的機會，獲得他人的照顧，一路順風，在生意場上得心應手。

1 與媒體搞好關係

一般經商的人都很少與新聞界打交道，但如果你的生意做大了，或作出了特殊成績，那麼，就一定有媒體主動與你聯繫。經商者如果忽視了電視、廣播和報紙在未來事件和公眾形象中的影響作用，那無疑是錯失了將生意做好做大的最好機遇。

媒體是無孔不入的，是深入人心的媒介，關鍵看你怎麼運用。浙商懂得處理好與媒體的關係，借助媒體的傳播力量打開市場，提升知名度。

納愛斯集團就是借助媒體獲得效益的楷模。在央視 2009 年黃金資源廣告招標會上，納愛斯集團以總價 3.05 億人民幣衛冕 2009 年央視黃金劇場全年冠名權，再次躋身央視「標王」，成為金融海嘯「冬天」裡燃起的一把火。納愛斯已經是第三次贏得央視電

視劇特約劇場的競標。

回想 2005 年寶潔（臺灣稱為寶僑）突然登上了央視新「標王」寶座。莊啟傳也由此確認，寶潔在新的一年內也絕不會善罷甘休，想一統中國市場的野心，必然大大加劇，其咄咄逼人的態勢，預示著中國洗滌用品市場將有一場更為慘烈的爭鬥。在此後的 2005 年至 2007 年，3 屆央視的「標王」一直為寶潔蟬聯，中標價分別為 3.9 億、4.2 億和 5 億人民幣。

直到 2006 年，納愛斯把積累的大把資金砸向了央視。納愛斯在當年的央視廣告招標會上，成功中標 2007 年下半年的電視劇特約劇場。2007 年，納愛斯又耗資 2.29 億人民幣拿下央視 2008 年全年的電視劇特約劇場冠名權。

中國日用化學用品行業的競爭進入白熱化狀態，最大的兩家競爭對手，就是納愛斯與寶潔。激烈的競爭必然會導致商業模式的裂變。莊啟傳深知廣告是贏得市場競爭主動權的銳利武器，由此決定納愛斯的應對之法是依靠媒體壯大聲勢，以贏得消費者的傾心。事實證明，此舉是明智的。

每天，我們打開電視，翻開報紙、雜誌，走向街頭，馬路四周的路牌、燈箱……形形色色，有聲有色的廣告鋪天蓋地，不管你願不願看願不願聽，都會不知不覺地看到、聽到……這就是強烈的市場經濟，對每一個人的一種置入性行銷。不管想沒想過，喜歡不喜歡，理解不理解，每個人都接觸過廣告；不管願不願意，捨不捨得，要闖入市場，進入競爭角色，就必須做廣告。而做廣告就是運用媒體最好，也是最常見的方式。

　　市場經濟阻擋不了廣告的威力，市場競爭需要廣告的潤滑。浙商深知廣告的強大聲勢，於是他們學會運用「廣告」這個銳利的武器，去贏得市場競爭的主動權。

　　酒好也怕巷子深，好貨也要勤吆喝，而廣告會改變「家有千金豔若仙，養在深閨人不識」的客觀現象。把媒體的作用運用到家，是浙商經商成功的一大法寶。

2 先予後取，做大自己的名聲

　　每個人都對成功充滿了渴望，而這種對成功的追求，也正是進步的一種動力。可是怎樣才能成功呢？是高智商，還是高學歷，甚至是好的家庭環境？西方有個說法：「良好的名聲是一個人成功的關鍵」，也就是說，一個人的名聲好壞才是決定他成功與否的主要因素。浙商認為，名聲是由一個人的品行和人格魅力而鑄就的，要有良好的品德首先就要遠離暴力的心理。

　　商場上確實有不少「潛規則」，但是浙商辦事一定是按照「公開、公平、公正」的市場法則，這樣才能獲取更多的支持。浙商認為，投資也好，與他人合作也好，一定要重視和保護對方的利益，使我們的存在成為他人的需要。

　　要想利用，必須付出。只要我們為他人帶來了利益，為社會作出了貢獻，那麼，他人的資源、社會的資源，都有機會為我們所用。

　　但在實戰中，一些商人慣於打出最簡單、最方便的價格牌，更有仿冒者或「三無」企業變本加厲低價傾銷，最終逼得好企業好產品無奈隨波逐流。而杭州榮升國際貨運代理有限公司的徐軍權就是在不規則的行業競爭中獲得反思，並一舉成功的例子。

　　2004 年，徐軍權創辦了杭州榮升國際貨運代理有限公司。中國國內的貨代企業的數量極其龐大，且貨運代理的層級很多，但貨代行業還沒有標準，各自為政，而且沒有徐軍權想像中那麼有規範。在貨代行業中，發貨人要發貨到國外，需要通過貨代公司

向承運人訂艙（booking），但運費資訊不透明的局面，造成行業中存在著部分惡性的競爭。

和其他貨代企業一樣，榮升也有下一級的代理人。有一次，一個代理人以較低的運輸價格攬了一群客戶，但要求客戶必須提前結賬。然而，徐軍權的榮升則仍是月結的形式。面對低成本，客戶不亦樂乎都提前結了賬。而這個代理人收了客戶的錢之後，竟然攜款逃跑了。等到月結的時候，代理人留下的不僅是一筆債，還有客戶的起訴。徐軍權因此損失了近 200 萬人民幣。

要防止行業的惡性競爭，避免把商場變成江湖，資訊是關鍵，運費要透明化。「在網路化的時代，很多交易都可以建立一個網路平臺，貨運是否可以同樣操作？」2005 年，徐軍權首先在業內人士中調查網路直銷模式的可行性。在得到業內人士的認可之後，他又請教了浙江大學電腦資訊方面的專業人士，確保網路直銷可以運行。

2007 年，正是貨代行業非常火紅的時期，徐軍權沒有滿足於眼前的行情，而是成立了杭州木牛流馬網路科技有限公司，為創建網路平臺做準備。2008 年初，謀劃了多年的「易艙網」正式上線運行，它被譽為中國首家物流網路直銷平臺。

易艙網的建立，為榮升帶來了大量的業務和潛在客戶。榮升 2008 年的營業額增長率達到了 70%，還在香港、上海、寧波等地區建立了自己的分公司，在紹興、溫州、義烏、南通、南京、無錫等地設立了辦事處。由此，榮升開拓了能覆蓋全球絕大多數港口的國外代理網路，為使用者提供更多的國外增值服務，從而確保真正為客戶提供門到門的一站式國際物流服務。

　　商場上的競爭不可避免，但競爭也是有好有壞。有良性惡性之分的。惡性競爭會壞了商場的規矩，把商場變成江湖中的是非之地，這樣的商場又有什麼規矩可言呢？浙商對此採取的策略是：立志於將商場上的競爭變成良性競爭，以競爭的形勢激發同行的動力，加大產品和企業的競爭力。在此同時，浙商也就培養出「先予後取」的品德。

3 和新老客戶搞好關係

生意不是一朝一夕就能做成的，而是一項長期發展的事業，每一個經商的人做的都是「回頭客」的生意，要的是老客戶帶來新客戶，唯有如此，才會門庭若市，財源滾滾。

做生意，最難的就是長期維持老客戶。但是，對於大多數商家而言，只有一、兩個顧客是件十分危險的事。如果因為某種原因，這個老顧客轉換了立場，那麼，你的生意便很可能隨時泡湯。這樣，企業就完全處於被動的地位了。而且，僅有的一個顧客一旦成為商家的衣食父母，那商家必會處處受制於人。

很多人都知道這一點的，所以他們花費很多時間和精力去拚命開發新的客戶，但是卻又忽視了原來現有的客戶。其實，在大多數情況下，你的現有客戶才是最可能的銷售對象，他們往往是你經商的最大資產。嘗試著跟他們搞好關係，你可以把你的一次性客戶變成老客戶，把隨機性的銷售變成長期的訂單。

據估計，在很多產業中贏得一個新客戶比維繫一名現有客戶要多花費五倍的時間；一個不滿的客戶會平均向四到五個人訴說你的不是；而一個滿意的客戶只會對一個人稱讚你的良好服務。所以原則很簡單：照顧好現有客戶既省錢又增加利潤。要知道，老客戶會給你帶來更多的新客戶。

20 歲的浙江人梅琳，畢業後沒事情做，父母就替她開了個小型零售超市。讓父母沒想到的是，雖然附近也有很多家小超市，但是梅琳的生意卻出奇的好。

親戚們都很好奇，為什麼她的生意比別人的好呢？

「為什麼顧客都喜歡找你買東西呢？」

梅琳笑著說：「別的超市起初都給客人給得多，然後一點點地往下減，而我總是先給少點，然後一點點地往上加。顧客可能以為我給的多，也許是這個原因他們才喜歡我的吧。」

顧客都希望自己購買的東西多一點，一點點地往上加總比一點點地往下減讓人心裡舒服，感覺別人給的比自己付出的多。梅琳就是因為準確地抓住了顧客這一微妙的心理，招攬了源源不斷的顧客。

所以說，平時不斷地設法爭取新的顧客固然重要，但更應該留住老顧客。總而言之，只要能好好地留住一位顧客，或許能因此而增加更多新的顧客；相反，失去了一位老顧客，則可能使你失去許多新顧客上門的機會。所以做買賣一定要搞好和老客戶的關係。

客戶是任何一個公司或一家企業生存的基礎。沒有了客戶，就失去了企業存在的價值。問題的關鍵在於，一定要學習浙商的經驗，如何都要搞好和老客戶的關係，以吸引新客戶來關注你的產品。

謹記天外有天
做人要低調

「擁有億萬財富的喜悅與紅薯豐收的
喜悅，在內心的感受上是一樣的。」

浙江商人 劉永好

「低調做人，謙虛行事」是浙商精神的重要體現，他們不妄自菲薄、自我貶低，也不擺闊、驕傲自滿。浙江商人越有錢，越節儉；越出名，越低調，因為他們知道，天外有天。他們認為以金錢和財富為目標的人生，就太淺薄悲哀了。正因為少了一份浮躁的心態，他們才有精力踏踏實實地做出那麼多驚天動地的大事。

1 得意之時不張揚

有位名人說：「逆境固然很寶貴，順境同樣也很難得。不論是哪一種境遇，最重要的是：不忘謙虛、坦然的處事態度。」細品這句話很有深意，一時的成績不代表永久，也不代表比別人高一籌。

「滿招損，謙受益」，成績是自己的，如果一味張揚、炫耀，只會帶來負面效應。而浙商做事，恰巧能杜絕這種張揚的做法。

中國人受儒家傳統文化影響深厚。「知之為知之，不知為不知，是知也。」「謙虛使人進步，驕傲使人落後」……這樣的格言、警句多如牛毛。它們說的都是對待榮譽的看法，在榮譽面前保持平和，才會有更大的進步，也不致於影響到別人。

中國是禮儀之邦，領悟謙虛的道理要比外國人透徹很多。而

浙江又是中國最人傑地靈之地，尚文重教的浙江商人更是不落人後。在他們看來，謙虛不僅是成功的要素，謙遜與內心的平靜也是緊密相連的。內心的平靜是做人的一種高度的智慧。他們越不在眾人面前顯示自己，就越容易獲得內心的寧靜，這樣，反而容易引起別人的認同，得到別人的支持。

展露鋒芒是非常刺眼的，常讓旁觀者受不了。有人鋒芒畢露，張揚自己，顯能耐、顯力氣、顯派頭，這種人並不一定是最後的勝利者。浙商懂得掩飾自己，不讓人知道自己心思之所在，結果往往能一舉成功。也許你不相信做人越沉著，就越老練，這意味你還太嫩，還不知露鋒芒之害。

初涉職場的年輕人，往往不諳世事，他們都急於顯露一下自己的才能和實力，盼望儘快得到他人的認可甚至是刮目相看，因而表現得急於求成，凡事都要爭個「先」，有時動不動還要來個「搶跑」。「槍打出頭鳥」，先露頭，往往被別人看成是攻擊的目標。

太急於表現，就會無形中將自己放在一個較高的起點和定位上。因為你處處顯露自己的才華和見識，人們就會產生一種心理定勢，認為你總能比別人強。一旦你有遺漏和失誤，別人輕則說你還欠火候，重則落井下石，幸災樂禍地說這是自高自大的最好報應。

經商也是一樣，初來乍到，必然根基不穩，雖長勢很旺，但經不住風撼霜摧。倘若你沒有厚積薄發的底牌，卻一股腦兒地將十八般武藝悉數亮出來，便是應了中國那句忌語：「好話不可說盡，力氣不可用盡，才華不可露盡。」一旦成強弩之末，連魯縞

都穿不過，那肯定會被嗤之以鼻，逐出場外。到那時豈不心血白費、努力落空？因而最終的成功者，往往是「後發」之人。

浙商在經商的過程中，懂得適當克制自己的欲望，不過分衝動地把自己的急切心情溢於言表，也不過早地捲入競爭之中，不因狂妄自大給自己的事業帶來不利。

他們往往是後發之人，後發之人的優勢在於沒有給人們一開始就形成起點高的心理定勢，而後每有進步與發展，都讓人歷歷在目，反覺得此人有發展潛力。人們並沒有過早地把他作為對手，即使他後來進入角逐，人們也會寬容地認為他是勤能補拙、笨鳥歸林，而不會早早地懷有先聲奪人、你撕我扯的忌恨。

浙商往往是有大智慧、大聰明的人，他們都胸懷坦蕩，胸襟豁達，明白藏拙的道理，對於身邊的瑣事一目了然，當然用不著處處用心，或者為了一點雞毛蒜皮的小事而與人斤斤計較。因此，他們心中總是很安逸，行為也總是很超脫。這好像就是「絕聖棄知」。

而那些只有一點小聰明的人卻正好相反。他們喜歡察言觀色，見縫插針，無孔不入。這種人要是談大道理，便氣勢洶洶、咄咄逼人；談具體事兒，便婆婆媽媽、絮絮叨叨、沒完沒了。他要是和別人打上了交道就老是糾纏不清。然而，他長於勾心鬥角，雞蛋裡可以挑出骨頭，沒有事也可找出是非來。

人生在世，何其短暫，何其坎坷？如果人們任其與外物互相戕害、互相折磨，任其如脫韁的野馬一樣走向生命的盡頭，而沒有辦法克制自己，那麼，生命不是太可悲了嗎？

所以真正有智慧的浙商是絕不會濫用優點和榮譽的，他不會等待著去享受榮譽，他會繼續努力去做那些需要去做的事。正如

俄國科學家、心理學家巴布洛夫所諄諄告誡的：「絕不要陷於驕傲。因為一驕傲，你就會在應該同意的場合固執起來；因為一驕傲，你就會拒絕別人的忠告和友誼的幫助；因為一驕傲，你就會喪失客觀方面的判斷。」

況且，更糟的是，你在得意時越誇耀自己，別人越迴避你，越在背後談論你的自誇，甚至可能因此而怨恨你。同時，驕傲的人喜歡那些依附他的人或諂媚他的人，會嫉恨那些以德性受人稱讚的人，結果，他就會失去內心的寧靜，以至於由一個愚人變成一個狂人。

浙商很少刻意尋求贊同、很少刻意炫耀自己，他們卻獲得最多的贊同和欣賞。在日常生活中，人們更留心那些低調、自信、不隨時隨地表現自己的認知與成績的人。

2 生意場中的「隱形人」

大部分剛剛創業的人都認為，在創業成功、經商成功後，就應該揚名立萬、光宗耀祖。雖說這是常理，但是在實踐經驗中，這種想法往往是導致企業停滯不前，甚至迅速敗落的主要原因之一。

事實上，在很多時候，外在的光環很容易讓人迷失方向，從而失去繼續努力的鬥志。其實，一個人頭上的光環對他來說不應該是最重要的，內心的滿足感才是人生中最值得珍藏的寶物。

一個成功的浙商說過這樣一段話：「樹大招風，做人要保持低調。如果你始終注意不過分顯示自己，就不會招惹別人的敵意，別人也就無法捕捉你的虛實。」這應該是每一個經商的人所必備的一種心態。擁有這種心態，你將在為人處事上保持低調，而在事業上才能取得高調的效果。

浙江商人做人低調的精神值得所有商人學習。因為低調才能認真做事，如果把自己完全暴露在媒體的聚光燈下，做起事來就相對多了許多干擾。因此，我們幾乎看不到喜歡炫耀自我的浙江商人。這些浙商總是刻意回避公共場合，即使是企業上千萬人民幣的捐贈儀式，他們也會只派代表參加，而自己卻不拋頭露面。

李書福曾經投資 8 億人民幣在北京創辦了全國最大的民辦高等職校──北京吉利大學。有一次，李書福來到北京吉利大學視察，在門前竟然被保全給攔住了！保全看了一會兒李書福，告訴他：「這座大廈謝絕閒雜人等出入。」

像這樣低調的浙商實在太多了，他們只喜歡實實在在地做事情，而不是做表面功夫。

有一年，浙江寧波餘姚市總工會來了一位神祕人物。此人代表一位不願意透露姓名、不願親自出面的當地民營企業家，來的目的是想通過總工會實施「道義助學」計畫。

「道義助學」計畫的內容是，無特殊情況，出資人在四年內每年捐資 20 萬人民幣建立「道義助學資金」，用於幫助一定數量的餘姚籍貧困學子完成學業。

符合這些條件的學生都可以申請使用「道義助學」的資金，受助人只需要與總工會簽訂一份「道義還款協議」，就可以領取每年 5000 人民幣資助金，等到受助者可以工作後，在經濟情況允許之下，返還助學金以資助別的貧困生，如此循環下去。

大家都想知道這個讓人暖心的計畫，捐贈的人到底是誰，但是出資人卻不願意透露自己的真實姓名，只說自己叫于遙。

2002 年，在這項計畫的幫助下，9 名餘姚籍貧困大學生每人領到了 5000 人民幣的資助金。當受助人想要見見這位神祕的資助人時，自稱是「于遙」的人卻一直都沒有出現。

負責管理「道義助學資金」總工會的幹部說：「每年都有很多學生打電話詢問『于遙』，希望能見見他，但每到這時我也很無奈，雖然我是經辦人，我也沒見過他。孩子們都稱他『于遙叔叔』，我們對外都說『于遙同志』，因為我們覺得，『于遙同志』應該是一位穩重的中年男士，但在餘姚的民營企業裡這樣的人很多，我們也試圖暗中尋找過，但一直沒有結果。」

後來，經過不斷的說服，「于遙」終於出現了，她竟然是一

位浙江的女性企業家。

這位女性浙商說：「我白手起家，一路走來受過很多人的幫助，我是幸運的，但不是所有的人都能有如此的幸運。人要做一些能讓自己平靜下來的事情，就能以力所能及的方式回饋社會。這個社會最需要的就是愛，我希望他們收到的不僅僅是錢，還有愛。」

「之所以選擇教育基金這種方式，是因為我深切地感受到，窮人孩子的成長更需要幫助，而高中、大學期間恰好是人的性格成形的階段，所以我選擇了幫助這樣的孩子，希望他們不僅僅能學到知識，同時也能有一個完整、健康的人生態度。」

而這位女浙商之所以願意站出來面對媒體，不是因為她想出名，而是她的委託人對她說的一句話打動了她。「一個人的力量是有限的；妳應該讓其他一些和妳一樣的人理解妳，這樣就會有更多的人加入到這個行列中，然後會有更多的人、更多的愛、更多的『于遙』出現……」

華立集團喜歡保持低調。在 2001 年的時候，華立集團收購了美國飛利浦公司的 CDMA 手機，這讓汪力成與華立集團一下子成為媒體的焦點。

雖然大家都知道媒體的關注相當於給自己做免費的廣告宣傳，讓全國人民認識和瞭解華立，但是，汪力成卻不大願意面對大眾、面對媒體。他認為，把華立暴露在聚光燈下，華立會感到不適應。更重要的是，在汪力成眼裡，華立是製造業企業，需要的是做得多，說得少，或者只做不說，如果一舉一動都受到關注和評論，會感覺非常難受。

因此，汪力成的態度是：盡可能做我們自己的事情。他認為，一個企業最關鍵的事情是把企業做好，紮實地做好，這是最關鍵的，相對於企業，老闆做個「隱形人」是再合適不過的做法。

一個人能夠杜絕名利的誘惑，安安心心地做自己的事，可以說是一件很難的事情，但是浙商做到了。這也是許多人需要向浙商學習的地方。

3 越有錢，越要節儉

在很多人的想法裡，都會認為有錢人在花錢上一定是一擲千金，非常大方。事實上，越是有錢的老闆，在日常花錢上越是算計，越是節儉。浙商就是這樣一群有錢人，他們認為，節儉不光是一種做人的美德，還是一種創造財富的手段，而且是窮人成為富翁的武器。節儉不僅能積累財富，還能培養人艱苦創業的精神、奮發向上的品格。很難想像，一個揮金如土、貪圖享受的「少爺」、「小姐」，會成為艱苦創業之棟樑。

可以說浙商的節儉在中國是出了名的，甚至有人發出這樣的感嘆：「像他們那樣投資一個項目就幾千萬人民幣的企業家，比我們這些小地方人還不講吃喝，那麼有錢，和普通員工一樣吃飯、加班。原料、設備、人力都被他們算計到家了！」

他們說的是事實，在浙商的語錄中流行著這樣一句話：「不去賺太好賺的錢。」大多數浙商都是通過再三地降低成本來賺錢的，如果是一個大錢賺不來，小錢不想賺的人，或是只知享受、做夢賺錢的公子、小姐，恐怕難以理解浙商的心思。

浙江 001 電子集團董事長項青松戴的手錶才 68 元人民幣，平常穿的衣服也不過幾 10 元人民幣，走在大街上，沒有人會看出他是一個企業的老闆。

飛躍集團董事長邱繼寶一家人至今仍住在公司的倉庫裡，可能很多人都不會相信，因為這太不符合情理了。可邱繼寶卻認為：「年輕時為了賺錢糊口，我用自行車送客，還在東北補了三

年鞋。而現在呢？錢對於我來說只是一個符號，一個數字，沒有任何其他的意義。我將自己所有的心思放在了早日建成世界級優秀縫紉機製造企業上，根本沒時間去想什麼物質享受。吃飯只不過是為了填飽肚子，睡覺也不過是為了補充精力。在這點上，有錢的人和沒錢的人都一樣。」

上面的例子，真就印證了浙江商人「白天當老闆，晚上睡地板」的低調和務實精神。

娃哈哈董事長宗慶後，對公司內部的管理無論大小事情，一律親自把持。公司內部所有的發票都必須經宗慶後簽字之後才能生效。一天，大家排著長隊去宗慶後的辦公室，請宗慶後在發票上簽字。一名員工進去沒多久，外邊的人就聽見宗慶後大聲說：「什麼？買 10 個掃帚還不去批發？太浪費了！」

宗慶後在做上城區經理時，常常騎著一輛三輪車，白天黑夜一個一個學校去送貨，為的是節省公司的車費開支。正是一分一角的積累，才有了今天娃哈哈的辦公大樓和寬敞的廠房。

宗慶後經常和員工們一起吃住在廠裡，工作更是沒白天黑夜。他從不因為自己是個老闆，而擺闊、比富，無邊際地享受。他說：「老闆要付出非常代價，整天花天酒地的老闆，肯定做不長、做不大，真正的老闆都是儉樸的。」宗慶後是這樣對員工說的：「娃哈哈的產業不是老輩人留下來的，是我們用自己的雙手創造的，是買 10 個掃帚去批發、賣 1 箱冰棒掙 1 毛錢換來的。創業難，守業更難。『艱苦創業，勤儉守節』，是娃哈哈非常之本。」

「汽車瘋子」李書福也是一個不擺架子的企業家。擁有巨額財富的李書福跟員工一樣住員工宿舍，吃員工餐廳，開吉利汽車，穿吉利皮鞋和工作服。

李書福要求員工做到碗光、桌光、地光，殘渣入盤成堆，這種「三光一堆」成了吉利的企業精神。他是這樣說的，也是這樣做的。他帶頭在餐廳用餐，端盤排隊，員工都深受感動。

李書福曾經投資 4000 多萬人民幣建造了專家樓和員工宿舍，而他自己還住在十年前的房子裡。員工們都說：「我們老闆賺的錢最多，但他自己花的錢最少。」

也許有人會說，他們太老派了，都什麼年代還在宣導勤儉節約？事實上無論發展到什麼年代，勤儉節約的品格對於創業做生意的人都是不可缺少的。浙商為什麼會宣導勤儉節約的精神，那是因為他們都過過苦日子，知道美好生活的來之不易。

「節儉」是浙商精神的一種，每一個浙商都意識到，創業難，守業更難。作為一個生意人，都要記住有一位浙商告誡他員工的一句話：浙商之所以能立足商界，就是因為浙商一直把別人認為過時的東西——節儉，視為創業守業的商道法寶。

4 可以「財大」，但不要「氣粗」

「財大氣粗」似乎是很多人心目中有錢大老闆的形象。但是瞭解浙商的人都知道，他們不在任何場合擺闊稱大，哪怕自己真的很強大。

其實，為人低調，待人和氣，才是一個好商人的本分，也是浙商的作風，正所謂「和氣生財」。商家之間比的是投資回報率，商場較量的是資本規模以及提供商品和服務的性價比，絕不是比排場、比闊氣。一個沒有商德，不想長久經營的商人才會習慣於講「排場」，但是這種商人總有一天要為此付出「代價」。

這就像有一個人身體很壯，大冬天的穿著短袖，大家都誇他身體好，弄得他為了這個「排場」下不了臺，無論天氣多冷都穿著短袖，最後，被凍得感冒發燒，差一點兒小命不保。這當然是可笑的。浙商對這種「排場」向來嗤之以鼻，作為商界精英，他們不會為了無謂的排場而損失利益。他們不會在強人面前逞強，也不對任何人拿出耀武揚威、盛氣凌人之勢，他們勤奮好學，並且對人才十分重視，所以浙商都是受人愛戴的。

在 1998 年全國抗洪救災晚會上，杭州未來食品老闆蔣敏德捐出了百萬人民幣鉅款，但面對記者的現場採訪，他只說了一句話：「我是浙江富陽的一個個體戶。」既不說自己是誰，也沒有提企業的名字。多好的宣傳機會啊，但他卻放棄了。

宗慶後也曾這樣描述自己的個性：「我這個人一向主張穩妥，我的原則是自己能力做不到的事情我不做。但是認準了的

事，一定要達到目的。」

浙江商人公眾知名度低，或許你知道很多企業的名牌產品，但你不一定知道老闆是誰。這些浙商不喜歡見記者，年銷售幾億或幾十億人民幣的大公司老闆，很少接受個人專訪。

在浙江商人的觀念裡，他們只想努力把生意做好，即使自己有了萬貫家財，也不會想著擺闊或是追名逐利。

1987 年，浙江商人汪建華承包了一個汽車隊，富有商業頭腦的他兩年就賺了 30 多萬人民幣。1989 年他又投資 28 萬人民幣，買下了一汽車隊，再投資近 10 萬人民幣創辦一家修理廠。這樣一來，汪建華既搞汽車運輸，又經營汽車修理，生意十分地好。不到 3 年時間，他淨賺了 150 萬人民幣，成了當地的百萬富翁。

整天置身於人們尊敬和羨慕的目光中，汪建華的虛榮心得到了極大滿足，他住上了當地最豪華的別墅，還買了很昂貴的跑車，經常開著車子去兜風，很是得意。而此時的他壓根兒沒想到，他公司的潛在危機一下子全暴露出來，引來一場滅頂之災。

由於汪建華整天在外忙於各種應酬，沒有精力和時間去管理農用車組裝廠。結果導致購進的原材料品質太差，生產工藝粗糙，並連續發生兩起因品質問題引起的車禍事故，死傷數人，車輛報廢。一時間，他的組裝廠生產的農用車臭名昭著，用戶不敢買，經銷商也要求退貨，整個公司陷入了困境。

不久之後，經法院評估，他的公司已資不抵債，宣佈破產。一夜之間，汪建華變得一無所有，幾百萬資產如同天上的流星一樣，一閃即逝。

這次失敗在經濟上打垮了汪建華，走投無路的汪建華向一個

跟他借了 10 萬人民幣的人討債，結果對方只打發了他幾百塊錢……幾經周折，他又到一家汽車修理店當修理工，但被一個故意找碴的師傅用廢汽油朝他劈頭蓋臉地潑去……

1999 年，汪建華到北京一家食品公司做起了修理工的工作。老闆見汪建華精明能幹，便破例讓他進入配料工廠做配料員，月薪也漲到了幾千人民幣。精明的汪建華在這裡勤學不倦，工作之餘還偷偷跟師傅們學習食品加工方面的技巧。幾個月後，他毅然決定回家開辦食品加工廠，重新開始。

經過幾個月的精心籌建，次年 10 月，汪建華註冊的「德華食品廠」掛牌了。

很快，德華系列食品生產出來了，可銷售成了一大難題。汪建華知道自己的產品要打入大城市有困難，便經常獨自一人跑到縣城周邊的一些小城鎮挨家挨戶地推銷，每次一去就是幾十天。憑著這股幹勁和韌性，汪建華終於為食品廠打開了銷路。到 2002 年 6 月，他廠裡的產品佔領了周邊縣城市場，銷售業績一路飆升，半年就實現了近 100 萬人民幣的利潤。

汪建華重新站起來了，但因為有了前車之鑒，他開始踏實做事，低調做人。每逢朋友聚會，能推則推；對於商業應酬，則更是不願意拋頭露面；而面對那些送上門來的社會頭銜和各種榮譽，他都婉拒：「我還沒有資格接受這些，也不想被這些套住了手腳。」

浙江商人都像汪建華那樣善於記取經驗教訓，他們能很快了解到，作為商人雖然可以「財大」，但絕不能「氣粗」，作為一塊發光的金子，就沒必要再用金錢來粉飾自己，「真金」的品質和人格才是最重要的。

5 財富不是人生的目標

很多商人在做生意之初的目標是賺更多的錢，後期腰包一鼓，就開始想第三件事——名望。但浙商做生意時卻只有兩件事——賺錢、納稅。

浙江總是會湧現出一大批富豪，他們學歷並不高，但都很勤奮、務實，不做媒體宣傳，只管踏踏實實做事。比如某一年一個浙江的商人，曾發出律師函，表示「不願意上財富榜」。

在浙江，如果你在路邊看見一個二、三平方公尺的店面，裡面只有兩張辦公桌，一台電腦，一台傳真，坐著兩個人在那裡辦公，你千萬不要小看那些人，他們很可能就是擁有百萬身家的大老闆。

如果你去過溫州，你還會發現一個奇怪的現象，那就是溫州市至今沒有一個五星級的飯店。如果要一個溫州人解釋，他會告訴你，來溫州的人都是來賺錢的，不是來奢侈浪費的。

過去的紹興商人做事含蓄低調的作風，讓世人印象深刻；今天，曾經精明能幹的紹興商人，依然在廣闊的商業舞臺上展現自己的才華，但紹興師爺低調的做事作風，卻似乎深深地烙在他們的後代紹興商人身上。這方面有個最明顯的例子，就是楊汛橋的上市熱。

楊汛橋是紹興縣一個面積不大，人口只有幾萬的鄉鎮，但在不到一年的時間裡，已有兩家民營企業悄悄登陸香港股市，從海外投資者手裡圈到巨額資金。

　　紹興商人的靈活應變和低調的作風，在「浙江玻璃」的上市事件上得到了淋漓盡致的體現。2001 年「浙江玻璃」在香港成功上市，在港發行 H 股^{（註2）}1.7 億股，每股發行價 2.96 港幣，募集了資金 5 億港幣。

　　一家鄉村的私營玻璃廠，成為第一家發行 H 股的大陸民營企業，並在首次公開募股就募集到 5 億港幣資金。這一連串富有新聞性的事件，說明了一個精明浙江商人如何機巧靈變，繞過國內排得長長的上市隊伍，悄悄另外排一隊，使民營企業在香港上市潮中搶得先機。

　　有意思的是，「浙江玻璃」這樣極具新聞性的事件，其老闆馮光成從來沒有在媒體主動宣傳。這與一些喜歡在媒體上張揚的老闆，形成了鮮明的對比。

　　因此，我們可以看出，浙江商人是為人低調的，處世樸實的。他們不習慣炫耀自己，也不喜歡到公眾場合露面，即使是一些在很多人看來很重要的場合。

　　美國《財富》雜誌曾經評出的八位中國內地商人之首，華立集團老闆汪力成，此前在全國並沒有知名度。而華立 2001 年銷售額就已達 28 億人民幣，利潤 3 億人民幣。同時汪力成是包括北大在內的全國五所大學的客座教授，口才一流。可是，他並不到處演講，只埋頭經營自己的事業。他有一條做人原則：只做不講，或者多做少講。

　　曾是大陸首富的浙江商人劉永好說過：「擁有億萬財富的喜

悦與紅薯豐收的喜悦，在內心的感受上是一樣的。」

如果問劉永好對待財富有什麼樣的想法，他一定會這樣告訴你：「對我而言，在錢的數字後面再加一個零和再加兩個零沒有什麼區別。我現在不工作，也可以過得很舒服。但是，如果一個人只把掙錢、只把活得舒服當作他追求的唯一目標，那就太悲哀了，支撐一個人不斷前進的應該是夢想和信念」。

當年，劉永好曾問母親：「到了共產主義社會，能不能一週吃一頓回鍋肉、兩天吃一次麻婆豆腐？」他母親回答說：「大概能吧。」現在，他有了億萬家產，還是喜歡吃麻婆豆腐、回鍋肉、水煮蘿蔔這些東西，這樣他才吃得飽。他說：「即使你現在花幾萬塊錢請我吃一頓，我也不會覺得有多好。」

....

註2. H 股：以港元計價在香港發行並上市的中國境內企業的股票。

別太在乎眼前的利
發展更重要

「作為一個大企業的經營者，你可以
不想今天的事，但必須想透明天的
事。」

浙江廣廈集團總經理　樓中福

改革開放以來，浙商在商界如魚得水，被譽為「東方的猶太人」，這些榮譽的桂冠並不是偶然，這是對浙商的充分肯定。他們之所以能夠在商界站穩腳跟，得益於他們懂得用聲譽和品牌來支撐企業持續發展，能夠明曉眼前利益和長遠利益間的辯證關係。

1 利益與發展之爭，發展勝

在創業之初，到底是多賺錢重要，還是賺聲譽重要？這對大多數創業者來說是一個艱難的選擇。

眼前的利益讓人分外眼紅，長遠的發展還是一個未知數，有了這樣的想法，大多數人都會選擇前者。但是浙商的想法卻恰恰相反，他們認為眼前的利益是很容易估量的，以後的發展卻是一件不可估量的事情，所以他們選擇了後者。

許多浙商都是從小公司發展起來的，因此他們懂得，發展才是真正的道理，眼前的利益不是最重要的，長遠的發展才更令人期盼。

2001 年，安信地板總裁盧偉光在巴西做了一筆生意，在許多人眼裡，那擺明是一筆賠本生意，但是，盧偉光卻並不這麼認

為。

2001 年春節前夕，因為市場被普遍看好，很多商人都增加了木地板訂貨量。但按照傳統習俗，絕大部分裝修工程在春節的時候都會停工暫歇，沒人買貨，就這樣，商家手頭的現金就一下子窘迫起來。

在這個時候，印尼盾暴跌，1 美元本來兌換 8500 印尼盾，一下子跌到了 1：13000，大部分供應商都轉頭到印尼進行採購，這樣才能狂賺一筆。這樣一個簡單的邏輯盧偉光當然也想到了，但是他卻猶豫起來：如果按照原來合約中規定的匯率從巴西訂貨的話，自然能夠贏得巴西人的尊敬和喜愛，今後就能夠得到更優惠的價格，但貸款利率加上匯率損失，折合起來要虧損 1700 多萬人民幣，這幾乎是當時盧偉光一整年的利潤；可是如果毀約的話，自己這三年在巴西辛苦經營的管道和信用都要毀於一旦。

怎麼辦呢？要做這個決策真是左右為難。

精明的盧偉光意識到，未來兩、三年中國的房地產業必然還會發展，自己還是有機會把這筆錢賺回來的。儘管這筆巨額的損失無法確定要多久才能賺回來，但是，他能確定，這不是一筆虧本的買賣，公司會因此得到更好的發展。

盧偉光認為，就像森林裡的樹木一樣，一年長一個年輪，所有的事物也都有週期。有些錢是不得不虧的。中國的房地產業正處於高速發展期，今後兩、三年只要保持增長，這個成本自己承擔得起。

於是他還是從巴西訂貨。安信地板因此獲得了巴西商家的信賴，從而使他在巴西的生意越來越好。盧偉光在回想當初的決定

時，他感慨地說：「現在回想起來還算幸運，因為當年絕大部分經銷商都寧願選擇毀約，也要避免這筆損失。而我，不僅沒有撤退，反而給供應商帶去了資金，同時也贏得了自己在巴西良好的聲譽，現在我的貨源非常充足。」

在 2004 年，安信地板在巴西亞馬遜河畔收購了 1000 平方公里的原始森林。在同年 11 月，盧偉光還隨同國家領導人訪問巴西，在這次訪問中，盧偉光趁機又在巴西境內亞馬遜河畔添置了 8.5 萬公頃的原始森林。加上此前他在巴西購買的另外 1000 平方公里原始森林，盧偉光在巴西已經擁有了約 10 萬公頃原始森林。盧偉光也因此被人們稱為「森林大王」。

對此，盧偉光直言不諱地說：「就此次出訪而言，企業家隊伍中直接獲益最大的應該是我。」

其實，盧偉光在巴西的發展早就開始了，在這個過程中，盧偉光憑藉自己獨到的眼光，用自己的利益換取了現在的發展。

許多時候，當你哀嘆自己在商場上遭遇眼前的失敗時，不妨仔細地想想，自己是否過於熱衷於眼前的利益，而忽視了長遠的發展。「殺雞取卵」不可取，用利益換發展才是明智的決策。

2 面對利益得失要進退有度

經商的過程中，難免會遇到一些實力比自己強勁的競爭對手，這時候不妨學會暫時的委曲求全，以求得企業的良性發展。浙商在商業經營中，有時為了發展自己的事業，就會在實力懸殊時退一步，這種退步絕不是從此放棄一蹶不振，而是積蓄力量，蓄勢待發。

對於浙商來說，為了長遠的利益，放棄眼前所得是值得的。他們這種面對得失的良好心態，讓他們學會在得失間進退有度，不會讓利慾薰心。

20 世紀 90 年代，浙江永康的幾百家企業競相模仿生產保溫杯，這種「蜂擁而上」的浪潮讓生產保溫杯的企業壯大到幾千家。這時，吳少華並沒有參與到這場利益戰爭中，他認為粗製濫造會導致保溫杯的滅亡，提高科技品質才是發展的出路。

於是，他開始籌集資金，尋求與外商的合作機會。果然不出吳少華所料，不久，從永康到義烏的公路兩側，堆滿了滯銷的保溫杯，單價從 260 人民幣到 10 元人民幣，有的甚至降到了 4 元人民幣，價格肉搏的結果，使永康幾千家保溫杯生產企業最後僅留下了幾十家。

就在這時，吳少華才大展身手，投入了 4000 多萬人民幣，成立了永康飛鷹不鏽鋼保溫瓶有限公司，從日本、韓國引進一流設備和技術，建成了一條當時國內生產能力最大、技術水準最高的生產線。由於真空度比日本同類產品高出兩個百分點，保溫時間長達 24 小時到 48 小時，於是，進入日本市場後一炮打響。

對於在利益面前不為所動的商人來說，敢為人後是智者的策略，而對於在挫敗中蓄勢待發的商人來說，退一步就是勇者的風範。史玉柱在經商中的臣服就可以說明這一點。

當年，文弱的書生史玉柱獨闖深圳。他抵押自己研製的軟體，用兩個月時間就賺得他經商的第一桶金，又經過短短的幾個月，他變成了百萬富翁。接著，他潛心研究出新一代中文卡（使電腦具有或者提高漢字處理能力的擴展卡）產品，到 1993 年的時候，他所創辦的巨人公司年銷售額已經達 3.6 億人民幣，成為繼四通集團之後的第二大民營高科技企業。

在 1994 年，史玉柱列為《富比士》排行榜大陸富豪第八名，並獲得珠海市政府的特殊獎勵，成為全中國知識青年的偶像。可是，由於蓋建巨人大廈，預算一高再高，1996 年 9 月大廈的地下工程終於完工，但巨人集團的財務危機也爆發了，此時各地銷售商欠巨人集團的錢（應收賬款）有 3 億人民幣左右，其中 1 億多屬於良性債權。

財務危機被曝光三個月後，史玉柱終於向媒體公開了一個「巨人重組計畫」，內容包括兩個部分：一是以 8000 萬人民幣的價格出讓巨人大廈 80％的股權；二是合作組建腦黃金、巨不肥等產品的行銷公司，重新開機市場。可是談了十多家，最終還是一無所獲。後來，史玉柱也從公眾的視野中消失了，人們以為他也是一個三分鐘熱度的人，來得快，去得也快。

然而，到了 2000 年，「收禮就收腦白金」的廣告鋪天蓋地地轟炸著人們的視聽，而其幕後推動者正是史玉柱，一個研發軟體的高材生退一步做起了保健品，這實在是讓人們始料不及。他的

新公司營收很快達到 10 億人民幣，2001 年 1 月，史玉柱花 1 億人民幣鉅資收購巨人大廈。

正所謂「大丈夫能屈能伸」，生意場上，如果不能一舉拿下競爭對手，不妨學習浙商的經商之道──退讓迴避、委曲求全。像史玉柱那樣隱忍並不可恥，獲得長遠的發展更值得人們敬畏。

3 吃點虧也無妨

　　在生活中，沒有人願意吃虧，生意場上也一樣。但是，浙商認為，有時吃點虧也未必不是一件好事，至少「紅頂商人」胡雪巖從中得到了實惠。那麼，他究竟是怎麼做到的呢？

　　胡雪巖創業的第一步是設立阜康錢莊。儘管錢莊有王有齡的背後支持，還有各同行的友情「堆莊」，然而，如何才能在廣大儲戶中打開局面呢？胡雪巖想出了一個放長線釣大魚的妙計。

　　開張那天，待客人相繼離去後，胡雪巖靜下心思來盤算開業的情況。胡雪巖低頭暗自思忖一番，明白做錢莊生意的第一步就是要闖出名頭，要讓人感到在這裡存錢安全，並且有利可圖，如果能做出名氣，即使目前付出一點，以後肯定能財源滾滾。

　　但是怎樣才能打響名氣呢？忽然，他腦際靈光一現。立刻把總管劉慶生找了過來，下了一道命令：讓劉慶生馬上替他立十六個存摺，每個摺子存銀二十兩，一共三百二十兩，掛在他的賬上。劉慶生見胡雪巖迫不及待地要開這麼多存摺，如墜雲裡霧裡，但既然東家吩咐，只好照辦。

　　等劉慶生把十六個存摺的手續辦好後，胡雪巖才細說出其中的原由。原來那些按他吩咐立的存摺，都是給撫台和藩台的眷屬立的戶頭，並替他們墊付了底金，再把摺子送過去，當然就好往來了。

　　「太太、小姐們的私房錢，當然不太多，算不上什麼生意，」胡雪巖說，「但是我們給她們免費開了戶頭，墊付了底

金，再把摺子送過去，她們肯定很高興，就會四處相傳，這樣，和她們往來的達官貴人豈不知曉？別人對阜康自然就另眼相看了，咱們阜康錢莊的名聲豈不就打出去了？到頭來還愁沒生意做嗎？」

那些存摺送出沒幾天，果不其然，就有幾個大戶頭前來開戶。錢莊業的同行對阜康錢莊能在短短的幾日內就把他們多年結識的大客戶拉走頗是驚訝，不知所以然。

在尋常人看來，浙商胡雪巖在經營中的一些做法實在是一些「捨本生意」。但他的高明在於，他能看到長遠的利益，因此捨得吃虧，而他的投資，往往也都得到了很好的回報。

胡雪巖目光高遠，捨得用眼前的小付出換日後的大利益，還體現在另一件事上。

胡雪巖的阜康錢莊剛開業不久，綠營兵羅尚德便攜帶畢生積蓄的一萬兩銀子前來存款。羅尚德是四川人，年輕時嗜賭如命，且經常是一擲千金地豪賭。沒過幾年，羅尚德賭場失意，不僅把祖輩遺留下來的殷實家產輸得一乾二淨，還把從老丈人處借來的、準備用於重興家業的一萬五千兩白銀在一夜之間輸得分文未留。

老丈人氣憤不已，他不想看到自己的閨女跟著這麼一個賭徒受苦受累，於是把羅尚德叫來，告訴他，只要羅尚德把婚約毀了，那一萬五千兩銀子的債也就同時一筆勾銷。血氣方剛的羅尚德難以忍受老丈人看輕自己的「侮辱」，他當眾撕毀了婚約，並發誓今生今世一定要把所輸的一萬五千兩銀子還清。

　　他隻身背井離鄉，輾轉來到浙江，加入了綠營軍。十幾年來，他想方設法，拚命賺錢，而今他已積聚了一萬銀兩之多，但由於太平軍的興起，綠營軍隨即就要開拔前線，羅尚德不可能把錢隨時帶在自己身上，他必須找個妥善的放置地方。恰好他聽說了胡雪巖的義名，深感可靠，於是就帶上畢生的血汗錢前往阜康。

　　一名普通綠營兵竟有一萬兩銀子的積蓄，這不得不叫人對錢的來路產生疑問。加之羅尚德存款四年，不要息，甚至連存摺也不要，只要保本就行，這更令人疑竇四起。店堂的總管不敢輕易做主，生怕錢的來路不明，惹了官司，賠了本不說，還砸了錢莊的牌子，只好給胡雪巖報告情況，讓他自己拿主意。

　　胡雪巖聽說這件事後，知道其中必有隱情，他叫上羅尚德到屋裡擺上一碗。酒過三巡，胡雪巖和羅尚德就開始了推心置腹的談話，羅尚德見胡雪巖如此豪爽，果然名不虛傳，便把自己的經歷與想法和盤告訴了胡雪巖。

　　胡雪巖聽了之後，誠懇地建議羅向德存一萬兩銀子定期。雖然對方不要存款利息，但錢莊按照行規仍然以兩年定期存款的利息照算，三年之後來取，連本加息一次付給一萬五千兩銀子。另外，兩千兩銀子作為活期存款，如有急事隨時都可以支取。這些存銀都要立上存摺，因羅尚德不便攜帶，暫由劉慶生為其保管。

　　憑這幾句話，羅尚德就對胡雪巖的俠義氣概佩服得五體投地，當即決定把錢存放在阜康錢莊，就離開了。

　　若以平常眼光來看，胡雪巖的這一慷慨之舉似乎失當。然而，它帶來的廣告效應馬上就顯露出來了。胡雪巖的俠義，很快就得到了回報。羅尚德到綠營軍，把自己到阜康錢莊存款的事告

訴其他士兵後，這些即將出征的士兵紛紛把自己的積蓄都存放到了胡雪巖的阜康錢莊。短短幾天時間，阜康錢莊就收集了這類存款達三十萬兩之多，一下子就解決了錢莊新開業，家底不厚的問題。

在商業競爭活動中，贏得廣大顧客的信賴，贏得廣大的客源及市場佔有率，是一個企業得以存活、得以發展壯大的關鍵。要想贏得廣大顧客的信賴，最有效的手段就是像浙商那樣，「以虧引賺」。

「以虧引賺」是浙商屢試不爽的商用奇謀，明著看似吃虧，暗裡實則賺大便宜，其功效與「短予長取」無異。

在現代經營中，許多成大事的浙商都具有這樣敢於吃一時之虧的精神。他們的睿智，表現在目光長遠，不為一時利益所限，最終得到了豐厚的回報。

4 名氣更重要，利益為其次

創建一個品牌，特別是世界級的品牌，不是一件輕而易舉的事情。在這條路上，可以說千難萬險，困難重重，但是浙江商人仍然勇往直前，因為他們認為：一個企業若沒有在國內、國際市場上打得響的品牌，就只能處於被動地位，永遠落在人家後面。所以，面對名氣與利益的選擇，浙江商人會毫不猶豫地選擇名氣。

經商過程中，廠房、設備只能通過折舊實現其價值，人也會有生老病死的新陳代謝規律，二者都必然經歷由新而舊、由盛而衰的過程，而品牌經歷代代培植、創新，非但不會衰落，反而會日益興旺，不斷增值。可以說，品牌是企業最能保值和增值的長久資產。

一個好品牌，是需要不斷維護和經營的，是一點一滴長年累積起來的。經商，千萬不要以為可以吃老本，以為憑過去的招牌，就能把生意做大做強，應該常常探詢顧客現在需要的是什麼，並且時時刻刻把這答案找出來，讓每一天都有新的信用產生。

正所謂「君子愛財，取之有道。」每個人都希望有錢，這並沒有錯，但要獲得錢財，必須有原則，不能違背人情義理和政策法規。

岑傑英、曾憲梓等浙商，在這方面做得就很到位。

「領帶大王」曾憲梓白手起家，他信奉「經商不要只考慮經

濟利益，企業的名聲更重要；商品標價要適中，自己不要賺那麼多，應當保障顧客的利益，保證百貨公司利益」。

假如一個公司一次進貨 1 萬條金利來領帶，其他供應商可能求之不得，然而曾憲梓卻先詢問對方一個月能賣多少條領帶，若月銷售 1000 條領帶的話，曾憲梓就一次只賣給他們 3000 條領帶，保證該店每個月有 2000 條存貨，但可以不斷進新貨，且資金可以周轉，這樣百貨公司生意做活了，那麼一年出售的金利來領帶，恐怕就不只是原先擬入貨的 1 萬條。

歐美不少廠商每年來港接金利來的訂單，曾憲梓每每都會請他們吃飯，竭力照顧好他們的飲食住宿，令他們有回到家的感覺。因此當曾憲梓赴歐美時，到處是朋友，這些信奉制度的外國人，亦以禮相待，爭相照顧曾憲梓的生意。

曾憲梓認為，利益雖然也很重要，但是從長遠來看，招牌卻是經商的生命。二十多年，金利來在香港、東南亞和祖國內地所建立的良好信譽，正是其事業成功的基本因素。

不管經營哪一行的商家，都要重視企業長遠發展的根基——品牌。在利益和名氣面前，只有重視品牌才是明智的。對於那些「老字號」來說更是重要，否則上百年的招牌就會毀於一旦。重視顧客、提供好的商品，這都是要長年累積的信用。沒有招牌，便沒有未來。

在激烈的商品市場競爭中，人們可以體會到，一種產品由名不見經傳的公司生產，銷路往往不暢，但一旦冠以著名公司的商標，立即會身價百倍，供不應求。很多商家在商戰實踐中都嚐到了品牌效應的甜頭。而重視名氣，忽視利益的浙商，往往會用名

氣幫自己把生意做大，就像曾憲梓那樣。而消費者會更信賴，無形之中，也就為企業帶來了更多的利潤。

如果公司或產品品牌得到社會大眾的廣泛信任和贊許，該公司或品牌就會具有某種精神功能，給予消費者以某種榮譽、某種感情、以及信任上的滿足。尤其對許多年輕人來說，著名公司的商標具有很強的感召力。因此，有眼光的浙江商人都很注重企業的形象和品牌。因為他們知道，做生意首先必須求名，有名氣消費者才知道，有消費者別人才信服，讓消費者信服才會得到更好的發展。

所以浙商中有一句很流行的話，叫做「先做名氣後賺錢」。在生意場上縱橫馳騁，名氣總是至關重要的，它其實就是一種無形的價值，一筆無形的本錢。

無論任何時代，只要有了名氣，就能真正樹立起自己的形象，財源也就滾滾而來了。這個時候，還怕沒有顧客上門，還怕企業不能立足嗎？

5 拋開利益也是獲得利益的關鍵

2005 年 11 月，哈爾濱水源受到污染，政府決定從 11 月 22 日中午開始停水四天。俗話說：「水是生命之源。」無論是對哈爾濱 300 萬居民還是對於兩個浙江企業來說，對於這句俗語，他們都有深刻的切身體會。

當這場危機發生的時候，作為浙商代表，娃哈哈和農夫山泉在當地市場成功應對，市場佔有率因此迅速放大，進行了一次漂亮的品牌公關活動。

據娃哈哈銷售公司負責人介紹，停水前一天，即 21 日下午 5 點，得知哈爾濱將停水的消息，杭州銷售總部立刻召開緊急會議，晚上 9 點應急方案隨即誕生。方案除了動用哈爾濱 10 萬箱庫存飲用水之外，還緊急調用周邊庫存 10 萬箱飲用水支援哈爾濱，另外在黑龍江分廠、吉林三家分廠、瀋陽分廠和河北高碑店分廠共六家水廠開始加班生產 20 萬箱飲用水，以解哈爾濱停水之虞。

到停水第三天，24 日中午，哈爾濱周邊娃哈哈六個分廠趕製的 20 萬箱飲用水全部到位。從聽到消息，到生產、運送，再到全部投入市場，前後只用了 67 小時。

「現在滿大街都是我們的水！」娃哈哈黑龍江省銷售經理胡文雄說，而隨著浙江飲用水的全面到位，哈爾濱的水價開始恢復了平日的水準，每瓶從停水當日的兩元人民幣回落到正常的一元人民幣。

和娃哈哈一樣，作為浙江飲用水的另一個代表，農夫山泉從 22 日開始，總部要求長白山水廠所有的生產線都用來生產飲用

水，以保證每天 4 萬箱的供應量投向哈爾濱市場，來保證當地居民的飲用水供應量和保持價格的平穩。

很多商家會對娃哈哈和農夫山泉的方案嗤之以鼻，認為這樣做會錯過「坐地起價」的大好時機，放過賺錢的好機會。但結果顯而易見，經歷過停水事件之後，浙江水在哈爾濱佔據了主流地位。此前的娃哈哈，在哈爾濱飲用水市場上的佔有率不到 20％，現在卻遠遠超過了一半。

在「哈爾濱停水事件」中，浙商體現了「商道」的價值和精神。他們雖然暫時拋開了利益，卻為自己贏得了市場。相比之下，誰能說拋開利益不代表獲得利益呢？

西班牙經濟學家岡薩雷斯·瑪律丁曾經說過，作為東方商人的代表，清朝胡雪巖和韓國歷史上的林尚沃使亞洲貿易史更加閃亮，他們信奉「賺取人心比賺取金錢更重要」的宗旨，在動亂期間，高價買進災米，低價賑米，成為亞洲商人的典範。

浙江大學品牌傳播研究中心主任潘向光教授說：「雪中送炭很難得，在這次事件中，浙商做到了！」他認為，當危機發生時，浙江兩家企業迅速補貨，而且不漲價，雖然不是公益行為，但是帶有公益性質，給當地百姓留下了極好的印象，屬於一次成功的品牌公關活動。「哈爾濱事件是一個典型案例，它說明新的市場機會總會產生，但是機會總是留給有準備的人。」浙商研究會執行會長楊軼清說。

對於這個事件來說，浙商給了生意人很多啟示。楊軼清認為，市場隨時都會有一些突發事件，但事件裡面卻有商機，是否能夠抓住這個商機將是對企業綜合能力、應對能力、忙而不亂的

處事風格的考驗，維護企業不發「災難財」的企業形象，體現企業公民的風度和素質，將對以後打開相關市場產生巨大的無形幫助。而懂得在關鍵時刻拋開利益，也是獲得更多利益的關鍵。

6 勿因小失大

　　每個人都想賺錢，但切不可因貪小利而失大利。要知道「世上沒有白吃的午餐」，商業活動中，有的人就善於利用人愛佔小便宜的弱點，利用盛宴款待、贈送禮品、遊山玩水甚至美色誘惑，以及當事人吃人家的嘴軟，拿人家的手短，該堅持的利益不堅持的弱點，狠賺了一筆之後，甚至讓人因此上當受騙而破產。

　　騙子屢屢得手的祕訣不外乎三點：一是博取人的同情心，二是趁人疏忽大意的時候下手，三是利用人的貪念。浙商對於最後一點的概念是：天下沒有不勞而獲的事，只有經過自己努力得來的東西才最真實。

　　中國低壓電器製造群落在溫州柳市的崛起，反映出當地生產關係適時變化、不斷釋放出新的生產力軌跡。生產關係的變化，既是企業家價值觀念發揮作用的結果，也是其價值觀形成和完善的過程。

　　20 世紀 80 年代起，低壓電器已經全國聞名了，在 49 平方公里的面積上，集聚了上千家電器製造企業。

　　王宇是溫州人，耳濡目染的繼承了溫州人的精明，很快他從市場中看到了希望和生機，也點燃了他渴望已久的經商欲望。他當機立斷，與朋友合股，在柳市開了一個簡陋的電器櫃檯。

　　但是，很快溫州就出現了歷史上第一次製假販假的風潮。柳市鎮假冒偽劣電器開始出現，低成本低品質可以快速地換取高額的利潤，不少人因此發了橫財。這個「仿製事件」迅速傳染了柳

市鎮上千家製造和銷售低壓電器的大小企業，製假之風愈演愈烈。也正是這次風潮，讓品質意識第一次深刻地植入溫州企業，進而沉澱為一種文化力量的開始。

有了販假風潮的洗禮，王宇更重視產品的品質了，他要求自己和工人「精益求精，堅持品質第一」，寧可少賺錢，也不讓一件不合格的產品出廠。他堅信品質就是生命，品質就是效益，而這一口號也成為所有員工的行為規範。因為他言行一致的作風，不僅使他的產品獲得了國家機電部頒發的生產許可證，更是為他贏得了合作者的信任，獲得了大量的訂單。

當然，品質文化並不是溫州企業所特有的。浙商都很重視品質文化，他們都是「敢為天下先」的勇者，也是「有所為有所不為」的智者。

總結身邊的成敗
取長補短謀發展

「不把過去的優勢當作現在的優勢，
現在的優勢不等於將來的優勢。」

萬向集團董事局主席　魯冠球

浙 商是善於學習的一群人，他們關注國際上的先進技術，也重視身邊成功的商業模式，更注重總結自身成敗的經驗。模仿是可行之路，但學習其中的精髓更重要，立足於本土的經營發展路線，很好地體現了「因地制宜」在商業中的運用。

1 本土案例是最好的教科書

正所謂「因地制宜」，中國有中國的國情、地方也有各地方的特色，這就要求商人在學習經商經驗的時候，不要盲目地照搬照抄國外或是不符合自身的管理、經營等方案。浙商在這一點上就很明智，他們認為，中國商人需要做的就是認真研究中國的具體國情，深入學習身邊的人的優點和做法，記取他們的教訓，唯有如此，才可以做好生意。

浙江商人不像有些商人那樣盲目學習國外的經營管理模式，或是生搬硬套外國人拓展市場的方法。當然，這不是說浙江商人不思進取、墨守成規，他們有自己的想法，那就是可以學習外國的先進技術和方法，但必須是在立足於本國和本土具體情況的基礎上。

因此，他們就把浙江作為自己的大本營，立足本土市場，走

本土化路線，也以學習本土的案例和經驗為主。杭州娃哈哈集團的崛起就很能說明這個問題。

娃哈哈集團起步之初，困難重重，所以宗慶後根據本土的情況，制定了娃哈哈的發展方向。

1991 年，娃哈哈兼併了杭州罐頭廠，由於當時人們的觀念跟現在不一樣，一個一百多人的小學校辦企業兼併了兩千多人的一個國營大廠，輿論認為娃哈哈是要使資本主義復辟，瓦解公有經濟。同時，走兼併這條路還面臨一個很大的負擔，就是娃哈哈兼併了杭州國營罐頭廠後，就必須在支付自己員工工資的條件下，額外要再多付國營大廠 2000 多人（包括 600 名退休職工）的薪水，這對於當時的小娃哈哈來說是一個考驗。

根據當時本土的情況，兼併是優勢互補，沒有把握的話，宗慶後是不會這麼做的。結果證明他的決策是對的。這次兼併不僅為國家解決了一些問題，還把閒置的資產利用起來。娃哈哈走出了第一步，邁上了個臺階，第二年，產值馬上翻一番，利潤翻一番，為後面的發展奠定了一個基礎。

如果說娃哈哈的第一步是小魚吃大魚，奠定了娃哈哈起步基石，或者說是企業發展的里程碑，那麼娃哈哈發展最關鍵的第二步是引進外資，「賣藝不賣身」。

娃哈哈兼併了罐頭廠以後，發展到銷售收入 10 個億，利潤將近 2 個億，但當時的日子也很難過，要再跨一個臺階，靠自己的實力肯定不行。只有形成規模經營，才能夠在市場上有優勢，所以他決定要引進外資，用人家的資金和技術發展自己的品牌。很

多人把娃哈哈集團跟其他公司的合資非常形象地比喻為「賣藝不賣身」，而這種「賣藝不賣身」的做法能獲得成功，應歸功於宗慶後懂得遵循本土情況。

什麼是「賣藝不賣身」？宗慶後解釋說：「第一條，品牌要是我們自己的，要打『娃哈哈』的牌子。第二條，我堅持要由我們自己管理。對方當時也要派外國人來，但是外國人派過來一年要一、兩百萬的工資，還要每年的休假，還要給他解決住房。我說可以的，我的中層幹部跟你一樣的待遇，你吃得消，你就進來。後來他也不敢進來，因為中國人和外國人一樣的，你不能高於我這個總經理的待遇。所以他沒話可說。」

中國很多企業在合資的時候，喪失了自己的品牌，而娃哈哈在合資的時候，把娃哈哈這塊牌子保住了，這很是令人敬佩。

同時，宗慶後及時推出可樂型的碳酸飲料應該是娃哈哈成功之路的又一步。在 1995 和 1996 年，當時不管是上海的正廣和還是北京的北冰洋，一共七家飲料廠商被百事可樂和可口可樂兩個巨頭吞掉，而且全部是控股。後來，那些品牌大多數都消失了。所以娃哈哈作為中國最大的飲料廠，要保留品牌，把中國的可樂做出自己的特色來。

這真是明知山有虎，偏向虎山行。宗慶後說：「兩大可樂主要做的是大城市的市場。而農村的市場，它們搞的是再銷，我搞的是網路行銷，所以在農村的品牌我比它們更好。什麼道理？我一直在做電視廣告，中央電視臺、省級電視臺、地級電視臺，農村都看到了，我的品牌在農村比它更響亮，接受程度更高。所以我採取『農村包圍城市』的辦法，花了一年多時間，佔了碳酸飲料市場 13.4％ 的份額。今年我的產量又翻了番，估計可以佔到

20％的份額。這樣一步步蠶食，到最後再打城市的攻堅戰。」

娃哈哈對於中國人來說，已經家喻戶曉，但相對於可口可樂和百事可樂，娃哈哈是年輕的，「年輕就沒有失敗」。很多人說品牌是富人的遊戲，因為品牌需要很多的廣告投入，還有人力、財力。娃哈哈雖然有一點實力，但是相對於可口可樂和百事可樂來說簡直就是小巫見大巫，而娃哈哈做品牌之所以能成功，就是遵循本土的情況，用本土的案例做教材的原因。

現在很多企業的經營，都在實行兩化：企業品牌化，品牌全球化。作為國內最大的軟性飲料企業娃哈哈，為什麼不向國際市場進軍，還在啃國內市場的大蛋糕呢？

宗慶後有自己的想法：「我不想盲目進軍國際市場，因為咱們中國 13 億的大市場我都沒有做出來，我為什麼要虧了本去做國外的市場？作為飲料來講，要出口必須在國外建廠，不可能把產品送出去，因為運費就把你的利潤耗掉了。我們以前做的是罐頭，每年出口美國 1 萬噸罐頭，最多出口到 5 萬噸，但是虧了本。我為什麼要把錢虧給美國人？當然，到一定時候，我想我們也要打向國際市場。」

他還說：「我做過很深入的調查，我懂得中國人的口味，我懂得中國的國情，我得按照中國人的需要來開發產品，這樣才有市場。舉一個最簡單的例子，美國人對色素、沉澱不在乎，他剛開始出來的產品，下面有沉積，而且還是顏色很深的色素。中國人不接受這個東西，所以他有的產品在中國打不開市場。」

在中國，可以說娃哈哈是浙江的名片，實際上圍繞著娃哈哈的有很多的讚譽。這主要是浙江當時同類的企業和產品比較少，

再加上娃哈哈成名較早的原因。宗慶後的一系列市場兵法，都體現了浙江商人的智慧。在浙江商人眼裡，本土市場上的商機總是顯得更多一些，因此他們進入市場的門檻也就低一些，這也是本土化策略在浙江大行其道的原因。

　　正所謂「入鄉就要隨俗」，中國有自己的國情，也有自己獨特的政策，在中國本土做生意，當然就要遵循本土行情。浙商在經商的過程中，就非常注重這一點。不去盲目學習外國公司的經營管理經驗，也許那種經驗與中國國情根本是背道而馳的。只有適合自己的經商策略才有用，才會有效果。

2 模仿重要，學習精髓更重要

　　在經商中，模仿可以說是第一步。很多人創業都是從模仿開始的，雖然收益不會很大，但至少不會犯錯誤。在不斷的模仿中，一個企業才會漸漸長大，但是要想立足於商海不敗，最重要的就是在模仿的同時要形成屬於自己不可替代的風格。

　　浙江商人就特別善於模仿與仿製。浙江人辦企業，最初一般是靠模仿與仿製發展起來的。當然，在創業成功之後，他們就會創立自己的品牌。總之，溫州人很好地踐行了魯迅先生所提倡的「拿來主義」。

　　當他們看到外國市場上有新產品後，就委託國外的朋友購得新產品，將產品帶回浙江，連夜拆開研究，然後根據中國人的習慣加以改進。沒幾天，嶄新的樣式便可投放入市場。還有鈕扣、打火機、眼鏡、皮鞋等，他們都堅持「拿來主義」。

　　比如眼鏡業，20 世紀 90 年代的時候，浙江省溫州市的眼鏡企業發展到一百多家，並以式樣新穎、質優價廉吸引了外商。據統計，1997 年溫州眼鏡業產值突破了 10 億人民幣，1999 年上升為 15 億人民幣，佔全球銷量的 1／3，暢銷全世界 20 多個國家和地區。其中遠洋眼鏡公司老闆葉子健就是通過仿製而成為「眼鏡大王」的。

　　20 世紀 80 年代，葉子健還在一家蜜餞廠打工，當時市場上的金絲眼鏡特別流行。於是，他花了一個月的薪水在市場上買了一副金絲眼鏡，回家後，葉子健將眼鏡拆開，仔細查看各個零

件，然後到各配件廠尋找相似的配件，再自己塑形裝配。

就這樣，他研究出了 100 來副眼鏡。在市場價 3 元人民幣的低價下，眼鏡被一搶而空。後來，由於他的成本低，產品也漸漸走出模仿的框框，不斷變化出花樣，繼續自主開發了 1000 多種產品，銷量越來越旺，成為一家年產眼鏡超過 2400 萬副的大型企業。

誰說模仿不好呢？關鍵是，模仿的目的是學習其精髓，然後再創造發明出有個性的產品，這樣才能很好的搶佔市場，而不是永遠跟在人家的屁股後面走。

浙江溫州大隆機器有限公司採用的是與外商合作，引進臺灣及義大利鞋機生產廠商的技術，在此基礎上進行的技術創新。1994 年大隆與臺灣鞋機生產商益鴻公司合作，為其生產配件，兩年後大隆將自己研製生產的鞋機推向市場。

其後他又瞄準了義大利技術，選擇了義大利的沙巴集團和 BC 公司作為合作夥伴，由義方提供具有國際水準的鞋機設計圖，大隆負責鞋機的生產和銷售，不久，大隆便躋身於世界一流的鞋機生產廠商行列。

實際上，任何一種商業模式可能會被不同的人進行模仿或複製，而成功與失敗在於是單純的模仿還是學習精髓後做到創新；善於經營的浙江商人深諳其道。

浙江商人的可貴之處在於，他們善於模仿他人，但沒有忽略自己的條件，對任何問題都有自己的主張，沒有被動地讓別人牽

著鼻子走。不僅如此，他們還敢於放棄所模仿的一切，以模仿起步，把眼光緊緊盯在戰勝和超越上。如果他們模仿的產品被市場上更新穎的產品超過了，他們便會毫不猶豫地放棄對舊產品的模仿，不斷改進或者創新，生產更新穎、更符合市場需要的產品。他們在模仿中尋求超越，從模仿中尋求突破，從而穩當地獲得了創業經商的成功。

　　1985 年初，一些旅居海外的浙江人回鄉探親，饋贈日本產的打火機給親戚。這種小巧玲瓏，一打就冒出藍色火焰的打火機要價三、五百元人民幣。一些機靈的浙江商人動起了腦筋，他們將打火機拆開，一個個零件仔細研究。然而關鍵的電子打火機卻不是輕易能仿製成的。

　　浙江商人就來到當時電子業最發達的上海尋找出路。恰巧東風電器廠剛攻克了這一難題。因為有了國產的 4.7 伏電容器，世界暢銷的這種時髦的「貓眼」打火機很快在浙江溫州問世了。

　　但時隔不久，超越這種打火機的防風打火機出現了。這種打火機的外殼不是衝壓而成的，連手工製作也難以達到如此精緻。這種被稱為浙江第二代打火機的「王中王」防風打火機，是浙江人李堅的模擬之作。李堅將其拆開反復琢磨，最終發現打火機的外殼是鋅合金通過壓鑄而成。於是他與幾個朋友買來相關設備和材料，經過幾個月努力終於獲得成功。

　　浙江的很多能工巧匠都是從模仿起家，逐漸形成了分工明確的生產加工體系，如今浙江溫州每天有 3 種新款打火機問世，年產打火機 5.5 億支，有大小打火機出口廠商 3000 多家，打火機款式超過 1 萬種。

　　因為模仿，很多浙江商人都創了業，發了家。在擁有財富之餘，更可貴的是浙江商人知道一味地模仿別人並不是長久之道，他們懂得學習別人的精髓，在模仿中創新，這也正是所有商人應該學習的地方。

3 先取道海外，再自主創新

所有的商人都知道自主創新的重要性，關鍵是，並不是所有的企業都有自主創新的能力。這時候該怎麼辦？浙江商人會告訴你，去海外取道。如寧波中強實業集團收購德國盧茨公司（Lutz）、溫州哈杉鞋業收購義大利品牌 WILSON……在國內大多數企業缺乏核心技術、困於貿易壁壘的時候，有些浙商正獨闢蹊徑，先取道海外，再自主創新「買船出海」。

寧波中強公司多年來為歐洲電動工具大廠商貼牌生產，在歐洲市場已經翻滾了七、八年，「人在屋簷下」，實在是因為無奈而為之。原因就是企業缺乏核心競爭力，更沒有自主創新的能力，只能為別人「打工」，辛辛苦苦只賺得些「加工費」，中強進一步發展的空間也就十分狹窄。

「如果再不跳出巢臼，即使做到 10 億美元，也不過是一個加工廠。」中強集團總裁陳詩歌曾經這樣無奈地說。

在 2002 年的時候，通過一個偶然的機會，陳詩歌得知德國一家有 64 年歷史的老廠盧茨公司，擁有被歐洲兩代消費者認可的品牌，但由於人力成本越來越高而瀕臨倒閉，正尋找新的投資者。陳詩歌一咬牙決定收購該公司。經過艱難地談判，終於成功地將盧茨公司收於麾下。

收購盧茨公司之後，中強實業集團產品創新能力有了突飛猛進的發展，一方面因外國科研人員的加盟而擁有了其核心技術，另一方面有盧茨公司的品牌和銷售網路，企業可以直銷歐洲市

場，也催化了自身創新的能力。

現在，中強實業建立起了自己的研發體系，主要包括三部分：研發計畫、產品系列包括款式、參數、功能等都由直接面對市場的德國研發中心制定；利用上海的人才、資訊、銷售優勢，由上海研發中心完成產品的結構設計，也方便了客戶的考察；最後由寧波工廠的研發中心最後完成產品試製。

中強成功了，這經驗很好地說明了「先取道海外，再自主創新」的方法是可行的。

飛躍集團總經理邱繼寶說過，「引進技術固然重要，但往往是你還在消化第一代技術的時候，第二代技術又誕生了，跟著跨國公司的步點走，根本不能『飛躍』。」於是，飛躍集團收購了日本一家小型縫紉機工廠，改造成研發中心，聘用德、義、日等國的縫紉機專家和科研人才，針對日美市場有的放矢地開發世界領先水準的產品。由此，機電一體化家用縫紉機大批量進入日本家庭。

在溫州的哈杉鞋業，一家生產銷售都逐漸轉向海外的民營企業，2004 年在義大利展開國際品牌的戰略收購行動，將眾多名牌納入旗下，從而促進了產品設計創新能力，成功地繞開了歐美的貿易壁壘。

其實中國目前大部分製造業因為只做貼牌生產，脫節於消費市場，技術創新能力正在逐步退化。而收購國外企業，企業的角色轉變了，從原來聽人指揮的打工者，變成直接受市場指揮棒指揮的一線競爭者，這樣往往能激發企業自身的創新能力。

在浙江，其實有不少企業都和中強、飛躍或哈杉一樣，謀求

「繞道走」，以增強創新能力。但是，在取道海外的過程中也是有問題存在的。

收購海外企業、在海外設廠，可以說是「外經」。一些浙商認為，與「外貿」和「外資」相比，取「外經」所獲得的支持會比較少。最顯著的是缺乏金融服務支援。以中強實力集團為例，收購盧茨公司之際，對方要求並購資金在兩週內到賬，否則就取消資格。為此，中強實業集團不得不向在德的合作夥伴拆借資金。

而收購之後不到一年半，德國工廠的銷售額就從原來的 300 萬人民幣增長到 1500 萬人民幣，但是中強實業集團反而要德國方面控制速度。因為，德國工廠運作需要流動資金，但按照國內政策，批給企業的流動資金外匯指標少且慢，根本跟不上德國工廠的步伐。外匯結算期限也讓中強很「痛苦」：按規定，要獲得出口退稅必須在 180 天內結算，但如今中強「漂洋過海」，船運時間、庫存時間、銷售時間加起來肯定來不及。

哈杉也遇到過類似的問題。一般外貿資金周轉期為 3 個月左右，而哈杉約為半年左右，因此特別需要銀行支援。但是當地金融機構鍾情外貿、外資，而對著力發展外經的哈杉似乎「不屑一顧」。此外，海外投資並購的法規不統一、出國手續複雜、政策資源缺乏、政府聯動不夠等諸多問題，也使哈杉痛苦不堪。

因此，取道海外雖然算是激發自主創新的一招，但是出於在我國還不夠成熟，商人朋友還是要慎用為妙。

4 企業要發展，學習要繼續

浙江商人有一個共識，「學習」是增強自身創造能力的最有效途徑。

目前，還有很多人以為賺錢只是靠運氣，與學習一點關係沒有，這種認識實在是膚淺至極。

無須諱言，有些成功的浙江商人創業時的學歷都很低，當然多數都是因為客觀條件造成的。但他們在創業的過程中非常認真努力地學習，多方實踐在社會這個大學中學到的東西是書本上所沒有的！在實踐中學習，是浙江商人的一大特色。

很多浙江商人都是因為家境貧寒而沒讀多少書，但改革開放這些年，轉型中的中國就是一部波瀾壯闊、難以讀懂的大書。流行於浙商中的一句話就是「企業要發展，學習要繼續」。有時候，與其去讀那些沒有太多實踐意義的死書本，不如在經營管理的過程中了解這部瞬息萬變、奧妙無窮的「活書本」，因為這部「活書本」能讓人學到更多、受益更大的東西。事實上，正是因為浙江商人或多或少地讀懂了這部「活書本」，他們才有機會獲得或大或小的成功。

一句話：知識就是力量。精明的浙江人因為開始的時候知識不多，也難免會有過吃虧上當的時候。

浙江卡森股份實業有限公司董事長朱張金當初去俄羅斯時，只帶了一個計算機，只學了 10 個俄語單詞。後來他到歐美做生意，也感覺語言不通，做生意就像一隻沒頭蒼蠅一樣，很是惱

火。

1999 年冬天，朱張金到美國參加一個皮革展，一個加拿大商人向他推銷 landcows（死牛皮），50 美元／張，朱張金聽了心中竊喜，他想這 landcows 怎麼跟 deadcows 一樣便宜呢？（按朱張金的理解，死牛皮應是 deadcows，而沒聽說過的 landcows 則一定是好皮），他興沖沖地從美國乘飛機到加拿大看貨，結果大失所望，那 landcows 就是 deadcows，而老外沒有騙人，因為死牛皮就叫 landcows 而不叫 deadcows。僅一字之差，就讓朱張金白跑了一趟，費錢費時。

從此，他下定決心苦學英語。如今，只有初中學歷的朱張金已經能用一口流利的英語給老外介紹卡森的產品了。用他的話說：「想學習，任何時候都不晚，人活著，學習就要繼續」。

在知識經濟的今天，沒有知識還不算可怕，憑著好學的精神和精明的頭腦，還是有可能成就一番事業的，但是，如果既沒有知識，又不好學的人，想成功是根本不可能的事情。所以現在，很多浙江商人開始拚命地學習，無論是書本知識，還是實踐經驗，事實證明，他們的刻苦學習、與時俱進的精神幫助他們創造了很多奇蹟和輝煌。

汪力成就是這樣一個愛學習、擅於學習的人。因此他的知識積累日益增多。從 16 歲到一家絲廠當臨時工起步，到最高層次論壇坐而論道，汪力成的學問與他的財富同步增長。

「把時間擠出來都用到學習上去」，這是魯冠球總是拒絕應酬的真正原因。魯冠球每天有 5 小時的學習時間，從晚上 7 時到

12 時看書看報、看電視新聞，就是外出開會也要基本做到。

浙江商人項青松，因為當年沒讀多少書，覺得自己確實是先天不足。現在，他每天堅持抽出 2 到 4 個小時的時間用來學習，基本上每隔一、兩天就要寫一篇文章。他還攻讀社科院工商管理的研究生，而且考試能得第一名，論文獲一等獎。不僅如此，在他的公司還有「五天工作，一天學習」的制度，公司出學費讓每個員工都學習他們感興趣的知識。

像電影《天下無賊》裡葛優說的那樣：「21 世紀缺什麼？人才！」面對未來，面對你的創業熱情，你準備了多少？如果現在還沒準備，等到用的時候再想辦法，恐怕來不及了！

5 知不足而後學的浙商

每個人自身都有局限性，都有一些缺點和不足。說到經商，有的商人雖然有魄力，卻少了一種審慎；有的商人理論知識不少，但實踐經驗不足；還有的商人在創業的時候就沒有什麼概念和知識，但很能意識到自身的缺陷，做到知不足而後學。這最後一種說的，就是浙商。

浙商之所以成功，就在於他們的勇氣，那種接受弱點與缺陷的勇氣，那種知不足而後學的勇氣。知不足而後學的另一個好處是，可以通過分析別人的失敗，以避免自己日後犯相同的錯誤。浙商在這一方面做得尤其出色。

在現代社會，一個人沒有學習的精神早晚會被社會所淘汰，不學習的企業和企業家是沒有發展的。就一般企業來說，大部分老總文化水準較低，現代企業管理的相關理論知識與了解非常重要，這勢必會影響到企業的運作，對企業的決策水準更會造成嚴重的影響。

那麼，正確的決策從哪裡來？如何才能減少與避免決策失誤？答案只有一個，那就是分析別人的成敗得失，並努力學習他人的過人之處，做到取別人之長，補自己之短。這種知不足而後學的精神可以豐富你的知識，拓展你的視野，讓你站得高、看得遠，大大提高決策水準；學習也可以使企業少走彎路，經得起大風大浪，不斷向前，不斷創新，永續發展。

浙商在學習方面總結了這樣一條經驗：理論結合實踐，帶著問題去學是最好的學習方法。

每個企業的內部或多或少都會存在問題與困難，如何消除阻礙企業前進的障礙呢？

首先，要提高自身的管理素質與能力，為自己制定一個系統的學習計畫。國家的相關政策法規是一名經商者與企業必需了解的基本常識，許多浙商在開始創業時程度不高，他們對政府的有關政策法規不瞭解甚至視若無睹，違法違規經營，結果往往給企業帶來的是災難性的後果。這樣的教訓對他們來說是刻骨銘心的，他們在經商的過程中逐步認識到了遵紀守法對一個企業的重要性。

其次，學習先進的科學知識。有很多企業的老闆都認為學習科學知識是技術人員的事，管理才是自己的事，其實這種認識是有失偏頗的。浙商明白，雖然「外行領導內行」不乏成功的先例，但相對於科學的管理，「內行領導內行」才是最佳境界。

再次，學習系統的企業管理知識。之後，要不斷擴大自己的知識面。企業成長到一定規模後，企業的管理者如果還是一切向「錢」看，企業就不會有很大的發展。他們當中的許多企業家開始擴大自己學習知識的範圍，琴棋書畫、天文地理、文學藝術均可涉及，一來可緩解工作壓力，更多的是通過觸類旁通，來感悟做人與經營之道。

最後，危機公關的學習也很重要。現在的傳媒業非常發達，資訊的快速傳遞給企業帶來了優勢，也給企業帶來了危機，企業較之以往顯得更脆弱。站在時代前端的浙商，從那些因一篇負面報導而毀掉的企業裡，領悟到了在企業危急時刻公關的重要性，他們常常會拿出相當多的時間去學習和研究那些成功的危機公關和失敗的危機公關。

　　知不足是學習的動力，只有知道自己的短處，才會虛心學習他人的長處。浙商在知道自己的不足的同時，努力分析別人的成敗得失，然後學習別人的可取之處，真正做到「三人行必有我師」，這種做法也加速了他們邁向成功的步伐。

以德經商
小惡萬萬不可為

> 「企業家成熟的標誌，是能否經受住
> 各種各樣的誘惑。」
>
> 華立集團董事長　汪力成

生意場上有很多商人為了謀取利益，坑蒙拐騙，坑害消費者，或是陷害其他商家，進行惡性競爭，這樣做的結果不僅是損害了消費者的利益，破壞了市場秩序，還葬送了企業的前程，實在不值得。浙商做生意強調「要對得起自己的良心！」以德經商，是浙商精神的一種。

1 應避免市場惡性競爭

有這樣一個案例：

在一條商業街上，有三家經營布料的店鋪。後來因為金融危機，一時間商業街上的店鋪都很冷清。第一家店為了提高營業額，就宣佈降價銷售，多則 5 折，少則 8 折。這樣一來，這家店鋪的生意立馬好了起來。第二家和第三家店迫於無奈也只好降價了。這樣，三家的生意又差不多了。

第一家店見生意又被搶走了，於是，再一次降價，第二家也跟著降價。第三家卻不跟進了，他宣傳自己無力承擔降價的損失，索性關門大吉。

於是，只剩下第一家和第二家互相競爭，價格一降再降。果然，他們的生意比以前要好很多，顧客都是成捆成捆地購買大批

的布料。最後，兩家的布都賣完了，但是，他們一結算，卻發現沒賺到錢，還賠了不少，只好也關門大吉。

不久，第三家店又開門營業了，不僅價格恢復到了原來的水準，而且貨源也更多了。第一家老闆和第二家老闆到第三家店裡一看，氣得差點暈過去。原來，自己降價銷售的布都被這家老闆買走了，那些顧客都是他雇來的。

由此可見，惡性競爭不僅會給別的商家帶來不好的後果，還會影響到市場的正常秩序，是讓所有的商人都鄙視的。

商人的目的是贏利，因此，大部分商人恨不得把競爭對手驅逐出市場，獨霸市場。「同行是冤家」更是被奉為經典名言。實際上，這種想法是錯誤的。

孫子說：「戰爭最高的策略，是事先粉碎敵人陰謀；其次是打擊敵人的外交關係，使敵人孤立，永無盟國；再次是攻打敵人，制降敵軍。而圍攻敵人的城池，是世上最笨拙的戰略。」

「嗅覺要靈，估計要準。一有機會就要緊緊抓住，絕不放過。」這是劉鴻生為自己訂下的原則。在經商方面，劉鴻生既不放過任何機會，卻也出手謹慎，不盲目衝動。

1930 年，劉鴻生的大中華火柴公司生產的美麗牌火柴十分暢銷，而當時的華成菸草公司生產的美麗牌香菸正在大力推銷。發現這種狀況，劉鴻生主動與華成公司聯繫，提出把華成公司美麗牌香菸上印有「美麗」字樣的美女圖案的商標，翻印在大中華公司生產的火柴盒上做廣告。苦於無法打開市場的華成公司欣然同

意了。

結果，劉鴻生不僅從華成公司賺到了一筆廣告費，而且，他的美麗牌火柴也變得更加暢銷了。

競爭對手確實瓜分了一部分的市場份額，但是，只有競爭才能促進發展，市場經濟就是競爭下的合作。

經商的過程中，經常會遇到一些競爭對手，明智的商人都應該學習浙商，避免與競爭對手正面競爭，要以寬容為本，與競爭對手合作。

當第一個登陸月球的阿姆斯壯說「我個人的一小步，是全人類的一大步」時，全世界為之沸騰。阿姆斯壯為此被載入史冊，這句話也成為享譽全球的名言。但是，鮮為人知的是，在美國的登月工程中，還有一位進入太空的人，他就是奧德倫。

據說，登月成功後，在一次記者招待會上，一位記者突然問奧德倫：「這次登月是由阿姆斯壯先踏上月球的，他成為登月的第一人，你不覺得遺憾嗎？」

面對這令人尷尬的問題，奧德倫的回答非常機智：「各位別忘記，回到地球的時候是我先出太空艙的，因此，我是由別的星球進入到地球的第一人。」大家對奧德倫的回答非常欽佩。

競爭與合作是相輔相成的。不惡性競爭，求同存異促進發展才是經商的根本。

② 賺自己的錢，不貪不義之財

　　浙江商人熱衷於最大限度地佔有財富，因此，中國的億萬富翁中，有許多浙江商人。

　　在經商中，浙江商人喜歡依靠自己的聰明頭腦和一雙勤勞的手，光明正大地賺錢，絕不貪佔不義之財。他們認為，靈魂的純潔是最大的美德，貪佔不義之財會受到上天的懲罰。

　　古時候，一位貧窮的溫州老農以砍柴為生，他每天辛辛苦苦地把砍好的柴，從山裡背到城裡出售，這個過程會花費很長的時間。為了有充足的時間研究學習，老農決定把賣柴的錢積攢下來，買一頭毛驢。

　　這天，老農帶著積攢許久的錢來到集市，他從賣牲畜的人手裡買了一頭毛驢，然後高高興興地牽著毛驢回家了。

　　老農的家人看到他買了一頭驢回來，都非常高興，他們把驢牽到河邊洗澡，意想不到的事情發生了，毛驢的脖子上竟然掉下來一顆光彩奪目的鑽石。

　　家人高興得歡呼雀躍，他們認為，有了這顆鑽石，大家從此便可以脫離貧窮的樵夫生活，可以過上好日子了。

　　然而，令大家沒有想到的是，老農馬上帶著驢趕回市場，將鑽石還給了商人。老農說：「我只買了驢，而沒有買鑽石，我只能擁有我所買的東西，現在將鑽石還給你。」

　　商人感到非常驚訝，他不解地問到：「你買了這頭驢，而鑽石是在驢身上找到的，你沒有必要拿來還我，你為什麼要這樣做

呢？我真的理解不了。」

老農鄭重地回答：「我們溫州人絕不貪佔不義之財，我們只拿付過錢的東西，所以鑽石必須歸還給你。」

商人聽後肅然起敬。

雖然這不過是一個故事，但卻反應了浙江人不貪不義之財的特性。

無獨有偶，一位浙江商人帶著兒子到百貨公司購買日常用品，當她回到家時，居然從購物袋中掉下來一枚戒指。商人立即決定把戒指還給百貨公司。

兒子對此疑惑不解，他問媽媽：「到手的戒指為什麼不要呢？我們沒偷沒搶，也許戒指是老天給我們的呢。」

媽媽笑而不語，她拉著兒子的手又去了百貨公司。她對百貨公司經理講的第一句話是：「我不知道戒指是不是屬於百貨公司，但戒指不屬於我，我作為一名商人絕不貪圖不義之財。」

孩子親眼目睹了這一切。這件事對他的影響極其深刻，母親正直與無私的形象使他永遠難忘。

從以上兩則故事可以得到啟示：世界上比金錢更珍貴的是誠實的品格，我們要能抵禦金錢的誘惑。

浙商對待錢財的態度值得人們學習，應該賺取屬於自己的錢，絕不可貪不義之財。

3 商人，要有所為有所不為

　　浙商注重善惡的價值判斷。如果一個商人僅憑著自己的好惡而活著，那麼他的自我感受也好，利害得失也罷，都很難持久。一個商人只有具有善的行為，才能吸引住更多的客戶，獲得更多的財富，取得更大的成功。

　　善惡分明，這是浙商誠實和信用的特質所在。浙商不僅注重培養知識和能力，而且，強調教育應該培養一個人辨別善惡的能力。他們認為經商的目的應該很廣泛，不應該是單純的為了賺錢；更不應該為了賺錢而不擇手段，要能有所為有所不為。

　　「賺錢為了什麼？」關於這個問題，華立集團汪力成如是說：「人家在評論我們浙江人的時候，往往會豎起大拇指：浙江人精明、會賺錢。這話很多人聽了覺得是一種褒揚，但我總覺得這褒揚的背後有一種批評的味道：浙江人是不是就會賺錢，就光想著賺錢呢？」

　　我們也經常在談，賺錢為了什麼？企業當然要賺錢，錢都賺不了，連生存的可能性都沒有，要講其他肯定是空中樓閣。但是，完成了資本的原始積累，企業一定要有個思考，到底是不是只為了賺錢？如果是，賺多少是終極目標？如果終極目的就是賺錢，那麼你可能會不擇手段，比方說，建立在損害他人利益、損害環境的基礎上，只要能賺錢就都去做。」

　　在浙商看來，人不可只為自己，或只為他人而活著。光想著自己的人是自私的，而光想著怎樣做自我犧牲的人，則有喪失了理智的嫌疑。浙商的善惡觀也是非常有分寸的，而且，易於為人

所理解和接受。這正是浙商絕妙的經商智慧。

當汪力成在被問到企業家成熟的標誌是什麼時，他是這樣回答的：「企業家成熟的標誌是能否經受住各種各樣的誘惑。這也是我過去吃過許多苦頭後得出的結論。我們在經營中有許多經驗教訓值得總結，但更重要的是教訓，教訓是有類比性的，而成功經驗卻是不具有類比性的。因此，我非常注重對以往教訓的總結。

「發展中的誘惑是很多的，往前看，到處是機遇；往後看，到處是陷阱。」步步高集團總經理段永平強調：「成功的經驗就在於：由始至終守住本分！『本分』體現著企業家的道德風範，每個企業有自己的原則。有些生意哪怕最賺錢，如果違背做企業的原則，那就不應也不能去做，否則內心會受到道德的拷問，客觀上也會破壞自己的形象，給企業的發展造成不利的影響。」

作為一個商人，你不可能什麼都涉足，作為一個優秀的商人，更應該有所為，有所不為。

4 正道經營才會長久獲利

　　有一句話這樣說：「投機漁利，非不能也，是不為也。」一個商人，在賺取利潤的過程中，難免有與心中的正義和原則相衝突的時候。把持不住的人，最後走上了「邪門歪道」，錢沒賺到，命都不保了；把持住自己的人，雖然沒有獲得暴利，但卻心安理得，並獲得企業的長久發展。浙商就是後一種人。

　　南存輝把「正泰」作為自己的企業名稱，就是要強調：經營要走正道，為人要講正氣，產品要正宗，這樣企業才能泰然。這種「正氣泰然」的思想一直影響著正泰的經營理念。一個企業的形象，是一點點樹立起來的，以正道經營，是樹立形象的前提條件。

　　一次，正泰的一批產品要出口到希臘，這批產品對正泰來說非常重要，這筆生意的成功與否決定了公司是否能打開歐洲市場。也許是因為太重要，南存輝始終不放心，為確保萬無一失，他親自到倉庫查看產品品質是否過關。

　　當時船期已經確定，產品大部分已經裝箱上車，馬上準備運往港口。南存輝讓檢驗員打開一個包裝箱，拿出一個產品細細察看。令他沒想到的是，即將出口的產品果真有些小毛病，他立刻叫來在場的檢測工程師詢問產品檢驗問題，檢測工程師在一旁解釋說，根據慣例，產品是合格的。

　　南存輝嚴肅地說：「這批貨不能發，全部開箱重驗。」品質是保證生意的關鍵，卡車上一箱箱的產品全部被重新卸下，運回倉庫。負責運輸的經理看到非常著急：「這樣一來，會誤船期

的，如果不能按時交貨，對方會提出索賠。」「那就空運！」南存輝不假思索地說出兩個字，這讓運輸經理冒了一身冷汗。

海運改空運，這一改，運輸費增加了 80 萬人民幣。但南存輝說：「我們的牌子和信譽是無價的，損害它的事不能做，我們今天雖然損失了 80 萬，但保住了公司的信譽。有了這個信譽，我們能賺回數十個 80 萬，甚至上百個 80 萬！」

南存輝的決策是正確的，目前，正泰已經成為中國最大的工業電器製造企業之一，在全國同行中首批通過 ISO9001 品質體系國際國內雙重認證，通過 ISO14001 環境管理標準體系認證，還通過美國、英國、法國、德國、荷蘭、比利時、加拿大等國的安全認證。

南存輝之所以能夠帶領正泰走向成功，與他處處嚴格把關著品質是分不開的。當初南存輝創業時，正是假貨在中國橫行的時期，在那時南存輝就認識到，「依靠假冒偽劣牟取暴利，必然為之付出沉重的代價。」事實證明了他重視品質贏得了成功。

本著「正道經營，長久獲利」的信念，正泰集團已在北京和上海建立了高新科技企業，在美國矽谷註冊成立了科研機構。主要生產成套電氣設備、低壓電器、通訊設備、儀器儀錶、汽車電器、建築電器、電腦應用系統軟體等 100 多個系列、5000 多個品種的產品。現擁有 6 大專業公司，40 多家成員企業，800 多家協作企業，遍佈全國各地乃至世界各大洲的 500 多家銷售機構，為全國同行首家無區域性集團。「正泰」商標被認定為國家馳名商標，產品銷往 30 多個國家和地區，並被國內 20 多個省、市技術監督部門列為免檢產品。

5 君子愛財，取之有道

「不想當老闆的員工不是好員工」，這是網路上流行的一句話。人人都想自己創業當老闆，都渴望把人生目標定位在「老闆」上，更希望自己可以通過努力把生意做大做強，做到幾十億上百億的規模。

當然，這其中，獲得利潤的多少就成為所有經商的人關注的焦點，可是利潤的驅使往往會使商人急功近利、唯利是圖，恰恰這些又是經商的致命點。企業經營是一項需要長久經營的長期工程，巨額利潤不是幾個月、幾年就能獲得的，必須靠長期而持續地積累才能取得。絕大多數浙商都會遵守最起碼的商業道德，他們本著「君子愛財，取之有道」的規則來經商，所以他們能很踏實穩妥地實現利益的增長和企業的壯大。

力帆總經理尹明善說過，做企業就好比是做人，也必須有自己的品德。對於企業文化建設，很早就意識到它的重要性，國外的百年老店，賣的是一種道德，靠雷打不動的品質與信譽立足，知識經濟說白了是文化經濟，是道德經濟。如果做企業做不出這種效果來，企業難免短壽，古今中外，概莫能外。

如今，有一些商人求財心切，總幻想發一筆橫財，一舉進入富翁榜單，這種心態為浙商所不恥。在經商過程中，按照 80／20 法則（大部分銷售額是來自小部分常客），如果以假亂真、以次充好坑害顧客，這樣欺騙的客人越多，回頭客也就越少。對待合作夥伴，必須抱著互惠互利的原則，利潤分享，風險共擔，在企業與企業間、股東間、企業與員工間，都應彼此照顧，合作方能

211

維持下去，千萬不要被利益沖昏了頭，去賺不該賺的錢。

詩人泰戈爾說過：「當鳥翼繫上了黃金時，就飛不遠了。」學會放棄才能卸下種種包袱，輕裝上陣。經商中偶爾的放棄實際上是顧全大局的果斷和膽識，是量力而行的睿智和遠見。

在經商過程中，對於那些不道德的行業、那些坑害人的生意，一定要謹慎，不要看到別人賺錢而眼紅，而是要學會權衡利弊，學會避開誘惑，一是為了規避風險，二是考慮到企業的長遠發展。畢竟魚和熊掌不可兼得，在生意場上，誘惑太多，作為一個商人，就要像浙商那樣，能夠很好地把持自己，以德經商，這樣，你的事業才會走得越來越好。

不必事必躬親
以人為本精管理

「企業講究以人為本，全員參保是企
業凝聚人心的重要措施，是企業應盡
的社會責任，關乎國運，恩澤本人，
惠及子孫，有利於企業的發展。」

正泰集團董事長　南存輝

思 科的總裁曾說過，只靠一個人的智慧指揮一切，即使一時能取得驚人的進展，但終究會有一天行不通。浙商知人善用，以人為本，更會抓大放小，重視管理。他們普遍認為，如果是個有「手腕」的管理者，並不需要事必躬親，只要大權在握，其他的事情就交給手下的人去管，效果一樣很好。

1 精於企業管理是浙商的特色

浙江商人精於企業管理，大商人劉鴻生說：「一個企業，一定要有一套完整的成本會計制度，它可以告訴你哪一部門是廠裡最薄弱的環節，需要想法子改進；哪一部門有浪費，需要想法子克服，成本會計是你的眼睛。」

浙江寧波為通商口岸，受西方文化影響較大，開始時也有很多浙江商人充任買辦，這些人的買辦經歷也使他們容易掌握西方企業的管理方法和經營方法，有不少買辦後來都成為民營企業家，他們多數仿效西方企業管理方式，機構健全，制度完善，效率極高。

項松茂（1880～1932 年）組織的五洲企業集團，就效仿了西方企業的組織機構模式，按職能、層次確定組織系統，使管理人

員分工明確，合作方便，以便於形成合力。他在董事會、經理之下，設有店務、廠務、店廠聯席會議和技術會議，並將生產、營業、財務、管理四個專業部門設科設股，分管各項具體業務，從而減少了企業內耗，提高了企業效益。

鄞縣人王寬誠（1907～1986 年），20 世紀 30 年代曾受聘擔任太豐麥粉廠採購主任。按當時規定，可有一筆優厚的傭金收入，他認為這是陳規陋習，上任後主動放棄傭金，並建議廠方切實整頓，興利除弊，停發傭金，以降低經營成本，增加企業積累，放眼長久發展。該廠經理欣然採納他的建議。

1935 年，他與人合資開設維大鼎記麥粉號，擔任經理。開業前，他即制定一套完整的經營管理方案：在組織機構上，他設計的編制為主任、會計、出納、進貨、推銷、門市、機司與勤雜等；在人事管理上，講求用人唯求德才兼備，尊重員工人格，學徒改稱為練習生，取消進店拜師儀式。

又規定學徒三年期限，凡辦事認真，工作優異的練習生，6 個月即可升為正式員工。制定嚴格的責任制度和獎懲條例，規定員工各司其職，盡職盡責盡心；在經營上，嚴格管理，各項報表一律在每天收市前一小時匯總送經理室，經理親自審閱，並確定次日營業任務等。

這一條理清楚、科學的管理制度出現在 20 世紀 30 年代的中國，不能不令人驚奇。其效果也非凡，不到兩年，維大鼎記麥粉號遍設分號於餘姚、鎮海、慈溪及市內各區，執浙江麥粉業之牛耳。他身為總經理，工作繁忙，仍經常親至各分號瞭解行情，年

終設宴評功，賞罰分明，員工無不盡力而為，企業蒸蒸日上。

中國傳統的管理方式是家長式的情感型管理，任人唯親，任人唯情，企業內小團體氾濫，企業在講效益的同時，更強調和氣的人際關係，企業追求利潤這一根本目的難以得到體現，因而效益低下，發展緩慢。而浙江商人早在 20 世紀 30 年代即引入西方管理方式實屬不易，這是浙江商人成為我國早期民族資本主義發展支柱的原因之一。

「世界船王」包玉剛，1946 年曾任上海銀行副總經理兼業務部經理。1949 年全家移居香港，從事進出口貿易。1955 年轉營航運業。1975 年他組織了環球航運集團，當年登上了世界船王的寶座，贏得了「東方歐納西斯」的美譽。

1981 年，環球航運集團的船隊有船達 210 艘，2100 萬噸位，成為世界上擁有船隻噸位最多的船王。環球航運集團除了在香港設立總公司外，還在百慕達群島、東京、倫敦、紐約、里約熱內盧、新加坡等地設立了 20 多家子公司或代理公司。就在此時，他以超長遠的眼光，由海而陸而空，使他的事業蒸蒸日上，成為香港十大財團之一。

「世界船王」包玉剛的輝煌成績與他精於企業管理是分不開的。他的企業管理的突出特點是一個「嚴」字，即嚴格遵守合約；嚴格的船隻管理，嚴格的船隻保養；嚴格遵守企業的規章制度；嚴格服從各國政府的政令和慣例。嚴格的管理，使其在航運界具有很高的聲譽。

在包玉剛的一整套嚴密有效的日常管理制度中，「複查制」

屬於包氏獨創的一種。複查制指船上的一切開支全部需要岸上公司派人員核准，而且許可權應該在不與開支者直接有關的人的手中，使得開支權與核准權二者獨立分開。包玉剛指出：「複查制的要點是鼓勵所有人員培養出必須研究與說明開支理由的觀念，並盡可能地想出更節省的辦法。」實行的結果證明，該制度對現有資源的有效使用和降低運輸成本，確實起了明顯的作用。

在加強安全管理方面，包玉剛建立安全事務會議制度，由專人對安全事務統籌管理。他說：「我們散佈於世界各地的公司和所有船隻上，都經常舉行安全事務會議，討論、估計並糾正船隻航行中可能引起的大小意外事件，種種人事及設備上的缺點。」

包玉剛的船隻，多數由他在香港開辦的海事學校出身的年輕船員管理。這所由包玉剛自辦自營的訓練學校於 1966 年開辦，取名為環球海運訓練學校，為包氏企業培養了一批有知識會管理的人才。對企業的發展幫助很大。

包玉剛對自己旗下的每一條船的情況都瞭若指掌，並親自進行嚴格地檢查。凡屬大事，如選用船長、輪機長、大副等事宜，他都要親自過問。他屬下的一位管理人員描述說，包氏對船隻就像對待其子女，為了加深對船隻的瞭解，他以英文字母的次序為船隻命名，與他為孩子取名的方法一樣。由於熟悉情況，在管理決策時，他總是能提出一些切中要害的問題和實際有效的解決辦法。

總之，包玉剛對船業的嚴格管理和創新思維，是他事業成功的一大重要因素。

2 給每一位員工成為老闆的機會

　　浙商經營企業的特點之一就是以人為本。對於企業來說，怎樣才能更充分運用每個員工的才能呢？那就應該像浙商那樣，實行以人為本的管理理念，讓員工成為企業的主人。誰都明白，大部分人「別人的事情上七分心，自己的事情上十二分的心」。因此，把員工變為企業的主人，讓企業在員工的共同努力下健康地發展，這是用人最高的境界了。

　　許多企業的老闆在用人的時候，總是把自己和員工對立起來，這種想法實際上是不對的。你有這種想法，員工必然會產生怨恨的心理，感覺自己在受公司的壓迫和剝削。這樣是不利於企業的良性發展的。

　　就像浙江星月集團有限公司總經理胡濟榮說的那樣，人才是企業的財富，是當老闆的都應該知道的，關鍵在於做老闆的是否捨得把利益讓給員工一點。

　　他舉了個例子：為了進入防盜門業，他這個「外行」老闆，投入 6000 萬人民幣，卻只佔 38％的股份；而經營班中的幾位成員，只出資 300 萬人民幣，卻佔股 62％。

　　胡濟榮說：「技術、管理，董事長、總經理，這一切都交給他們；但產品品質、效益必須第一，這就是我的用人之道。」在這種情況下，技術人員努力研發新的產品，管理人員盡力控制企業的成本，減少內耗，員工則盡心盡力地工作，效果自然會很明顯。」

在這方面，正泰集團的南存輝做得更加細緻。

在第一次吸引家族資本入股後，南存輝又在集團內推行股權配送制度。他拿出正泰集團的優質資產配送給企業最為優秀的員工。

2003 年，南存輝在接受記者採訪時說：「如果做得好，崗位激勵股會變成永久股。所謂的崗位激勵股，是指在某個崗位上，創造了一定的效益，可能有 50 萬人民幣或 100 萬人民幣的分紅，扣除後股東才能分配紅利，也就是說它享受優先分配權。而永久股，就是永久的，離開了，股份還是你的；退休了也是你的。」

他還認為：「我們現在的崗位激勵股到永久股，就是一個期權的概念。比如，最早的股份是 1 人民幣 1 股，但 5 年以後，1 人民幣可能變成 5 人民幣、10 人民幣，持股人可以享受股份增值所帶來的效益，這就是期權的概念。

為了激勵優秀人才安心創業，必須打破原來的分配制度。在打破的方式上，工人這一層主要是計件工資；管理層根據崗位不同，設置不同的崗位激勵股，目的是改變原來舊式的分配制度。如果你是股東，可以不幹，沒有問題，我可以把這個職位讓給別人幹。別人享受崗位激勵股，這個股份甚至還可以增加。普通股如果不參與經營，就不享有人力資本配股權。長期下去他的持股比例就會下降，普通股股東如果不夠資格，將不能參加日後配股。

引入崗位激勵股制度，將股份分成兩段，不僅使股份制將變得靈活起來，而且股東疲勞症將得到很大的緩解。」

這就是正泰的「要素入股」理念。股東一下子擴大到 110 多人，南存輝的個人股份也再度被稀釋，但是他知道，這樣會更有利於企業的發展。

因為，在有足夠多的資產時，如資產佔有率為 5％時，可能也會是最大股東。而且，所佔股份的比例是下降了，但股本在擴大，「槓桿效應」的效果更大，得到的利益有可能會更多。也就是說，儘管南存輝所佔的股份減少了，但是，因為入股激發了員工的工作熱情，企業的綜合效益會大幅度提高，南存輝的總收入不會減少，反而會增加。這就是南存輝所說的「槓桿效應」。

浙江華髮出口茶廠董事長尹曉民認為，企業做大了，光靠一個人不行，需要一個團隊去協同作戰。他希望發揮每一個員工的積極性，激發每一個員工的創造力。外面的人只知道「華髮」是獨資企業，但是，尹曉民卻拿出了 33％的股份獎勵給業務主力。

可見，財富不是壓榨員工得來的，而是善待每一個員工贏得的，精明的浙商早就意識到了這一點。正如九鼎裝飾公司總經理周國洪所說：「就讓別人去當老闆吧，我只要參與分紅就行了！能用別人的智慧和力量，來為自己輕鬆地賺錢，這才叫智慧。」

3 老闆充分授權，員工實現價值

有這樣一個故事：

古時候，一個人奉命擔任某地方的官吏。

他的前任官吏儘管盡心盡力，從早忙到晚，卻民不聊生。但是這個人到任後，並不親自管理，整天彈琴自娛，但百姓卻安居樂業，這讓前任官吏百思不得其解。這天，他請教這個人：「為什麼你能治理得這麼好？」

這個人回答說：「你只靠自己的力量，所以十分辛苦；而我卻是借助別人的力量來完成任務。」

這個故事告訴我們，隨著企業的不斷壯大，事必躬親並不一定能夠做好每一件事情，反而可能讓你覺得焦頭爛額。聰明的商人應該充分利用他人的力量，把事情交給他人去做，自己只管一些重要的事情。

能夠認識自己的才能，發現別人的才能，並將別人的才能為我所用，就等於找到了成功的力量。浙商就是這樣一些聰明的商人，他們總是善於從他人那裡汲取智慧的營養，從他人那裡得到有創意的思想，這些比得到金錢更為重要。

《聖經》中有這樣一個故事：當摩西帶領以色列的子孫們前往上帝給予他們的領地時，他的岳父葉忒羅發現摩西的工作量實在太大，每天，他都要親自做所有的事情，這樣下去，他必然會

累得無法承受，更重要的是，做事情的效率並不會提高，最終，人們反而會吃到苦頭。

於是，葉忒羅幫摩西想出了一個辦法。

他告訴摩西，只需要把手下的人分成幾個大組，每組 1000 人，然後再將每大組分成 10 個小組，這樣，每個小組只有 100 人，然後，再將 100 人分成兩組，這樣，分成若干組，問題解決起來就會容易很多。

在葉忒羅的建議下，摩西對手下的人進行了分組。自從摩西實行這種小組式的管理後，他就有了足夠的時間來處理那些真正重要的問題，而這些真正重要的問題大多只有他才能解決。

可見，摩西學會了如何做領導的藝術，運用這種藝術，摩西既可以有效地管理整個團隊，又有充足的時間來思考更重要的問題。

累，是許多商人的共同感受，但是，真正卓越的企業家是不會感到忙碌和勞累的。因為他們懂得找到合適的人，讓合適的人去經營企業，而自己則保持精力把眼光放在重要的決策上。

萬向集團董事局主席魯冠球認為，對專業技術人員不僅要「引得進」，而且要「留得住，用得好」。

魯冠球對於專業技術人員非常重視，不僅給予他們優厚的待遇，而且在用人的時候尊重人才，放手讓手下人去做，讓他們在專業技術上對自己負責。

適當的授權是成功的一半，一個事無巨細、不懂得授權的老闆，很難把企業做大。

　　浙江星月集團有限公司總經理胡濟榮，就有一套自己的人才管理方式：他能把各種各樣有才華的人組織起來，讓他們各施其才，各展所長。

　　一次，浙江星月集團有限公司總經理胡濟榮派王虎去四川催要 130 萬人民幣的貨款，當時，王虎在電話裡請示如何處置。

　　胡濟榮說：「全權交給你辦，不要有心理壓力，只要不違背原則，按照你的想法辦就行。」

　　結果，王虎把那 130 萬人民幣一分不少地要了回來。

　　當一個老闆能以信任的心態把權力交給下屬的時候，下屬就會發揮百分百的實力去完成這件事情，這就是授權的好處。聰明的浙商總是善於抓住員工的特長，把權力充分授權給下屬，讓他們在權力範圍內自由地工作。

　　浙江太平鳥集團有限公司董事長張江平說：「我現在已經很輕鬆，因為所有的人都可以各司其職。一個真正的企業家，要做的就是提出好的思路，然後把事情交給別的人去管理就行。」

　　也許有些老闆會認為，如果把事情都交給手下的人去做，那麼怎樣才能保證他們做好，更何況，充分授權後容易出現下屬過度使用權力的情況，事實上，只要掌握了授權的方法，這種擔心完全是沒有必要的。

　　太平鳥集團有限公司董事長張江平，給了所有商人這樣一個建議：「跟手下的人像朋友一樣相處，他們會負你嗎？你越放手給他們，他們的膽子就越小，壓力就越大；如果你自己牢牢抓著簽字權，那他們還有什麼壓力？」

　　做領導就要懂領導藝術，「指揮千人不如指揮百人，指揮百

人不如指揮十人，指揮十人不如指揮一人」。只要學會授權，既
輕鬆了老闆，還滿足了員工，何樂而不為呢？

4 給員工自由發揮的機會

很多老闆都抱怨自己的員工事事依賴於他，其實說白了就是自己包辦太多管得太嚴，員工絲毫沒有自己的空間，更沒有獨立辦事的機會。想讓員工用自己的頭腦辦事，其前提就是老闆必須充分相信和認可員工，給予他們的自由度越大，他們做出的事情就越成功。當一個老闆真誠地信任員工時，員工也會對公司產生一種依賴感和安全感，這樣才能努力工作，才能有合作的意識。

在這一點上，浙商做得就非常好。浙商認為，作為一名領導者，必須讓員工安排自己的計畫，不用任何事情都由自己過問，員工應該可以犯錯、敢於冒險。

在康奈集團服務了十多年之久的設計中心主任沙民生認為，自己一直留在康奈，為康奈賣命的原因就是，康奈給了自己施展能力的舞臺，給了實現自我價值的平臺。用康奈集團董事長鄭秀康的話說，康奈的用人標準就是「你有多大的本領就能給你多大施展能力的舞臺。」

橫店集團徐文榮的用人辦法是，上任就委以重任，而不是考察一段時間再做決定。他認為，人家來了就是要幹一番事業，你可以先給他一個舞臺，讓他把真本領表現出來，幹好了是企業的成功，真不行再把他撤下來也不遲。如果一個領導者左觀察右考慮，猶猶豫豫，對人家不放心，就很難留住人。

正是因為徐文榮大膽啟用人才，許多人才在橫店集團充分展示自己的才幹，在橫店的舞臺上創造出了很好的業績。這樣的結

果是雙贏的，人才滿意了，橫店發展了。

此外，傳化集團的徐冠巨也認為，既然給人才提供了發展的平臺，就不要老是猜疑他，一定要充分授權。「疑人不用，用人不疑」，既然用了，就要充分信任。

原浙江絲綢工學院教授的李盈善後來加盟了傳化集團。談起對徐總的印象時，他這樣說：「徐總最大的特點是實實在在，尊重知識、尊重人才，對人才大膽放手，用人不疑。大家都知道化工產品的產品配方和產品工藝是一個化工企業核心中的核心，至關重要。現在他這個企業的上百種產品有上百種工藝配方，而他始終把這個任務交給我。據我所知，像這種工作，其他單位都是由老闆的親屬來掌管的，對於這件事我就非常感動。」

李盈善教授在傳化這麼多年，由於老闆的信任，他安心做研究，為傳化做出了相當大的貢獻，而這正是徐冠巨所希望的。

而我們身邊有些領導卻喜歡在工作上大包大攬，他會經手每件事情，他認為，只要經過他的努力，都能很圓滿地完成。這種事事求全的願望雖然是好的，但大包大攬的做法卻常常收不到好的效果。

一個人的能力畢竟是有限的，事必躬親只會讓自己變得疲憊不堪，沒有精力和心情去處理更重要的事情。長此以往，企業內部的許多人也會對領導的這種做法滋生意見和不良情緒，他們會感到自己在企業之內形同虛設，毫無意義，這對企業的發展是很不利的。對此，浙商的做法是，授權予下屬，並且給下屬自由發揮的機會。

5 做一個會「偷懶」的主管

在我們身邊，常常可以看到這樣的老闆，勤勤懇懇，早來晚走。無論大事小事，樣樣親力親為，的確十分辛苦，但所負責的工作有時卻雜亂無章，事事都管、都抓，結果必然什麼都管不好。所以，如何達到「治之至」很有門道。

古人如何理解「治之至」對今天仍有啟發，凡有上級與下級、用人者與被用者關係存在的地方，就有領導與被領導的關係，領導的工作就是抓綱舉目，決策大事，比如，制定軍事戰略方針，作戰計畫是軍事統帥的大事；企業的發展規模，產品的品質種類、發展遠景是企業的大事。

第二次世界大戰時，英軍統帥蒙哥馬利提出：「身為高級指揮官的人，切不可參加細節問題的制定工作。」他自己的作風是在靜悄悄的氣氛中「踱方步」，花很長時間對重大問題深思熟慮。他感到，在激戰進行中的指揮官，一定要隨時冷靜思考怎樣才能擊敗敵人。

而對於真正有關戰局的要務視而不見，對於影響戰局不大的末節瑣事，反倒事必躬親。這種本末倒置的作風，必將一事無成。

事必躬親，在名震四海的王均瑤就有明顯的體現，這個缺點是他從一個創業者到企業家轉化過程中的「柵欄」，也是他自我超越、自我完善過程中沒有完成的作業，過度的勞累致使他積勞成疾，透支了生命。

這裡有幾個小片段，記錄了王均瑤的「細心」。

2003 年 11 月，由上海市浙江商會主辦的「新浙商財富沙龍」活動的前一天，王均瑤為了來賓桌簽名單的排定竟然忙碌到深夜。他曾經說過，當初在考察浦東的一塊地時，是自己拿著地圖開著車前往實地勘測的，並且還用自己的腳一步一步地去丈量。在公司裝修的階段，王均瑤也是事無巨細都要過問。

這點連他自己也感到了不妥，有次他就在會議上主動說：「你們不要說我什麼都管，用什麼油漆、買什麼樣的家具都要自己來，就算是我在這方面有個人的興趣愛好行不行？」直至後來，浙江商會的公祭大會上，商會領導介紹：在商會的會刊《新浙商》出刊前，王均瑤跟編輯們一起奮戰了 5 天 5 夜，每一篇文章、每一個標題都認真修改。

事必躬親，使得均瑤集團的事業能夠儘量不打折扣地朝著他制定的戰略方向發展，但卻透支了他的生命。

均瑤集團的發展很大程度是建立在王均瑤前瞻的眼光和個人的戰略決策能力的基礎上的。可是，他個人的光芒可以說「蓋」過了企業的光芒。個人英雄主義、個人品牌影響了企業品牌，他事必躬親、大包大攬的工作作風也加重了這種個人英雄主義的份量。

領導力是稀缺的資源，往往一百個人裡，不一定有一個能擔當領導大任。浙商認為，如果一個領導樂於事事親力親為，那麼還領導別人做什麼，自己做了不就好了？可見領導的作用並不是事必躬親，而是帶領別人，發揮領袖作用。

CHAPTER

16

誠信經營
信譽至上

「我工作了 57 年，當了 30 多年國
有企業的老總，從來就是講誠信，不
騙人。我認為這是最重要的浙商精
神。」

青春寶集團董事長 馮根生

浙商眼裡，誠信是一個企業的金字招牌，做生意不講誠信就算有其他再漂亮的招牌，也會生意慘澹。反之，則能以良好口碑帶來滾滾財源，使生意越做越好，把企業越做越大。

1 誠信危機下的思考

1993 年 12 月，河南春都集團存放生肉的冷凍庫起火，存放在裡面的幾千噸生肉被毀，損失達 4000 萬人民幣。為了減輕罪責，春都集團上報損失只有 36 萬人民幣。按規定冷凍庫裡被煙燻火燎過的生肉應全部廢棄，但春都集團的領導覺得這樣做太虧本了，因此，就把燻燒得不太厲害的一些生肉，混進了生產火腿的合格肉品裡，致使那段時間出品的「春都」火腿吃起來都有股煙燻味，就像南方的燻肉。

俗話說「紙包不住火」，這事被春都的競爭對手知道了，於是，他們火上澆油，趁機製造謠言：「火腿裡面有人肉！」一時間，顧客避之唯恐不及，進貨商也紛紛退單，春都集團元氣大傷，倉庫裡堆滿了成品火腿。

如果你細心觀察會發現，有許多企業剛剛崛起，轉瞬間便無聲無息了，這是什麼原因呢？就是因為這些企業大肆地渲染、誇張地宣傳，表面上看起來很光鮮，但是，這種光鮮是通過不誠實和欺騙的手段建立起來的，欺騙了顧客，註定不能長久。很多人只看到欺騙顧客會得到某種短暫的好處，而忽視了贏得顧客信賴才是企業發展最重要的基石，結果，他們的欺騙手段一旦為顧客所發覺，就會生意慘澹、業務萎縮，最終歇業破產。

奧康皮鞋從一個不知名的牌子到家喻戶曉，是通過一場場信譽保衛戰換來的，對外，老闆王振滔不斷做假來維護自己企業的信譽，對內不惜血本贏得口碑。

1987 年 8 月 8 日，王振滔永遠不會忘記這一特殊的日子。就在這一天，浙江杭州武林廣場火燒了 5000 多雙溫州劣質皮鞋，從而在全國掀起對溫州鞋的「大圍剿」。當時的王振滔正在武漢銷售溫州皮鞋，所有皮鞋因這一事件被當地工商部門沒收了，他一下子損失了 20 萬人民幣。

這個數目對於他來說相當於傾家蕩產了，同時，他也看到了不講信譽的後果，進一步認識到信譽對經商的重要性。基於對自己品牌品質的肯定，王振滔與工商局打起了官司，並以勝訴的結果為溫州鞋重拾了信譽。

在企業管理中，王振滔也絲毫沒有放鬆，一次，工廠為外商加工生產的一批皮鞋出現了裡面絨布處理不達標準的小問題，外商提出將這批鞋打成次品，王振滔不答應，他不能背上生產次品的惡名，給外商留下不講誠信的壞印象。

當即他果斷地作出決定：剪鞋！

在樓下的空地上，放著 2000 多雙生產不久的奧康皮鞋和一些剪刀，等員工到齊後，王振滔發佈了一道命令：「拿起剪刀，每隻皮鞋都剪五刀。」

他的話一出口，全廠幾千名工人立刻開始行動。這樣的鞋子在國際市場上要賣一千塊錢一雙，就是在國內也能賣四、五百塊錢，就這樣被剪掉，太可惜了，見工人們不捨得剪，王振滔便親自動起手來，短短兩個小時，200 多萬人民幣就被剪沒了。

事後，提及利潤，王振滔淡定地說，「在生意中，『有利可圖』很重要，換句話就是說對利益的選擇很重要。但是誠信帶來的收穫更可觀。」

② 信譽至上就是金字招牌

　　在如今市場經濟的時代，信譽作為一種特殊的資本形態，已經日益成為立足商海之本與發展的因素。產品的品質決定著企業的市場聲譽和發展空間。不守誠信，可能會因此發一筆小財，但是卻不利於企業的長久發展。反之，則能以良好口碑帶來滾滾財源，把企業越做越大。

　　在商界，「誠實信用」被商人形象地視為店鋪的一塊金字招牌。小本生意不可能花很多錢去做廣告，全靠回頭客，這就需要有良好的口碑，這也是小企業的成功之道。

　　張志剛是浙江嘉興的一個農民，曾做過油漆工，後來他組建了一支裝修工程隊，在人們痛斥裝修「游擊隊」種種不是的時候，他所承接的工程卻從沒有停斷過，常常裝修完一家，便接連有幾家在等著他。有時，工人出了小小的差錯，外行人未必看得出，可張志剛發現後沒有抱著僥倖心理忽略不管，而是叫工人重新返修，自己賠上材料費。

　　他相信自己工作的品質，所以對客戶有約在先，裝修後負責保修。有時問題並不出在品質上，可只要有客戶向他打招呼，他都在力所能及的範圍內幫忙，而且他的收費在同行內比較公道，沒有像其他人那樣漫天要價。經過幾年的努力，他擁有了自己的裝修公司，在業界和客戶裡有相當的知名度，生意自然越來越好，也越做越大。

　　還有一位寧波市的梁先生，幾年前因為失業，就搬家到昆明

種起了生菜。梁先生覺得，如果能把農民組織起來，收購他們手裡的生菜，賣到市場上賺差價，是個不錯的主意。但他缺乏資金，於是就找到了在菜市場認識的商人晉先生商量合作，結果一拍即合。

昆明市生菜的主產區在呈貢縣，到多雨季節產量極低，像晉先生一樣對農戶不熟悉的商人，即使手裡有錢也收不到生菜。也正是因為如此，他們願意和梁先生這樣對種植技術和種植戶都非常瞭解的人合作。

於是，兩人成立了一個小公司並與菜農簽了合約，建起了只有幾十畝面積的生菜基地。為了讓菜農願意長期把生菜賣給自己，梁先生除了向菜農提供技術外，還採取了與其他公司不同的方法，即向菜農承諾按照既定價格收購生菜，這樣就減少了菜農種菜的風險。梁先生認為進行這樣的投資，會贏得菜農的信任。

當年七、八月份，晉先生與梁先生的第一批生菜按照每公斤8角5分的價格收上來了。可到了市場上，意想不到的事情發生了，大量生菜一齊在市場上銷售，造成了大幅的降價，生菜的價格降到了6角1公斤，他們1公斤得賠2角5分。各蔬菜商紛紛採取提高品質標準的辦法，拒絕收購菜農手中的生菜，但梁先生他們卻照單全收。梁先生損失了不少，但菜農還是可以保證每畝幾千人民幣的收入。菜農覺得他們負責任，從而更加信任他們。

後來，經過梁先生、劉先生和菜農的共同努力，擴大了產量。同時，公司還與麥當勞等大公司合作，這些大公司不僅要求品質高，而且數量大。尤其要貨急的時候，廣大菜農的積極配合對他們的市場銷售便起了很大的支撐作用。

　　商人要想賺錢，最好的辦法是樹立起自己的信譽，有了信譽就有了金字招牌，你的生意就會日益興隆。良好的口碑並不是嘴巴吹噓出來的，而是靠誠實守信、踏實經營形成的。以上的事例正說明了這一點。

　　重視客戶、提供優良品質的商品或服務，這樣經過長期積累，用不了多久就會建立起自己的品牌和信譽。但是一旦失信於客戶，那麼你在客戶心目中的形象便會毀於一旦，長期建立起來的信用招牌也會轟然倒地。這個時代，缺乏信用和實力的商家，就算有再漂亮的招牌，也難以立足商海。

3 誠信是經商之本

「人無信不立」，不論在做人上，還是在經商中，這都是一件很重要的事。有調查顯示，很多有名的浙江企業家最看重的成功的因素依次為：誠信、機遇、創新、務實……看來，在浙商的思維裡，經商成功的第一個因素是誠信。

事實證明，幾乎所有的企業家都認為誠信非常重要。不管什麼行業、不管什麼年齡，誠信都是最重要的品質之一。

所謂誠信立業，誠信致富。大凡一個成功的商人，一個成功的企業家，在創業之初，都需要經受誠信的考驗。

浙商包玉剛把講信用看做是企業經營的根本。他認為，紙上的合約可以撕毀，但簽訂在心上的合約是撕不毀的，與人合作應該建立在相互信任的基礎上。

在包玉剛的經商生涯中，奉行的是「言必信，行必果」，以此為本，他為自己樹立了良好信譽，從而獲得了銀行的信賴，為企業的發展獲得了有力的資金支持。

20 世紀 70 年代，包玉剛決定進入房地產業。房地產行業雖然是利潤較高的行業，但是，風險也是相當大的。

但是包玉剛看準了時機，決定收購當時屬於英國人的九龍倉集團。包玉剛開始在股票市場上大量買進九龍倉股票，沒多久，英國人發覺股票出現異常波動，為了防止九龍倉被收購，趕緊啟動反收購，調集大量資金把九龍倉的股價越炒越高。

最後，包玉剛還需要 30 億資金才能實現控股的計畫，但此時

30 億對他來說就像天文數字，根本沒辦法籌集。當時，包玉剛自己也對媒體記者說，現在的股價太高，收購太困難了，因此，自己暫時想出去玩玩。接著，他真的坐飛機離開香港去歐洲遊玩。從週一到週五，媒體一直追蹤報導包玉剛的遊玩情況。大家都認為包玉剛已經放棄了收購計畫。但是，在週末，包玉剛卻不知去向。

新的一週開始，讓眾人沒有想到的是，包玉剛竟帶著 30 億元資金又殺入了香港股市，一舉收購了九龍倉的大部分股票，成為九龍倉第一大股東，輕鬆實現了收購控股計畫。

原來，「失蹤」的那兩天裡，包玉剛找到幾個銀行家商議，憑著自己多年建立起來的信譽，輕輕鬆鬆地獲得了這些銀行家的貸款。正是長期建立起來的誠信，讓包玉剛在這場收購大戰中獲得了勝利。

做人要講誠信，做生意一樣要講誠信，這是經商的根本。而浙商深深懂得誠信的含義。他們知道，誠信往往能夠給自己帶來無窮的財富。

青春寶集團董事長馮根生曾說：「凡是浙江出去的都講誠信，我認為這個就是浙江精神。」他認為浙江企業的發展與誠信是分不開的。「其實在生意經中的規矩就體現了我們浙商的精神，第一是戒欺，戒掉一切欺騙；第二是誠信，對待所有顧客都應該誠信；第三是不得以次充好；第四是不得以假亂真；第五是童叟無欺；第六是真價不改，不討價還價。因此，這幾年浙江的民營企業發展迅猛，令世界刮目相看。」

從上面的敘述我們可以了解，是誠信造就了浙商。

　　胡雪巖無論在過去還是現在都是浙商的代表，雖然他是安徽人，但很小就到浙江來了。他把徽商的精神融進了浙商，並在整個經營思路中體現了浙商精神。近三個世紀以來的中國歷史上，有過晉商，有過徽商，但最出色的還是浙商。隨著時間的發展，晉商和徽商已經逐漸沒落下去，可浙商還是精神抖擻，繼續發展。

　　當年，阿里巴巴誠信通舉行了三週年慶典儀式。馬雲感慨道：「為這一天，我們等待了 6 年。」

　　幾年前，阿里巴巴決定開發誠信通時，馬雲這樣說：「誠信通是給誠信的商人特有的服務，只有誠信的商人才能富起來。現在，誠信通的會員已經達數萬人。」

　　馬雲說：「依靠市場而不是依靠『市長』發展起來的浙商，在我看來是全國誠信度最好的商人。」

　　是的，最早進入市場的浙商，在市場經濟初期的一路摸爬滾打中，深刻地體會到誠信的重要作用，更加珍惜誠信的招牌。

　　在浙商看來，創業專案、商業計畫、企業模式都可以適時而變，唯有創業者的品質是難以在短時間內改變的，而且決定著企業的聲譽和發展空間。誠信是創業之本，更是經商之本。

4 向浙商學誠信

　　都說做人要講「誠信」，也就是說，要遵守諾言、實踐履約、誠實可信、辦實事、不撒謊、不食言等。誠信不僅是做人的一種必備品格，做生意更離不開誠實守信。

　　誠信作為一種經濟、社會理念，現在已經成為市場經濟社會中的核心理念之一。當一個市場上所有的商家都講究誠信的時候，市場才是健康的市場、有秩序的市場。在這種狀態下，社會運行成本降低，各方面的信任度提高，社會關係和諧；反之，則會出現另外一種景象。

　　我們都信得過百年老店，因為能有這種稱謂的店鋪或品牌，一定是有著良好的信譽，正所謂「百年老店，信譽第一」。在評價一個企業時，除了看它賺不賺錢，更重要的是看這個企業所擁有的信譽如何。很多世界著名品牌在某個營業年度會出現巨額虧損，但最終都扭轉虧損，其原因就是在長期經營中建立起了誠信。

　　現在，浙江老闆一個簽名就能貸款幾千萬。握有這種「金筆」的浙江老闆，到銀行貸款不需辦理擔保、抵押手續，簽個名就行。其中正泰集團董事長南存輝的含金量最高，僅某個銀行給予他的授信額度就達到 2 億人民幣。銀行為什麼信任這些浙商，就是因為他們在長期的商業活動中一點一滴積累起來的信譽。

　　著名的「柳市黑潮」^{（註3）}和「火燒武陵門」^{（註4）}事件，曾使浙江溫州商人的市場信譽降到了冰點，但溫州商人「壯士斷腕，知恥而後勇」，毅然決然與失信的昨天告別，經過十幾年的努

力，終於找回了曾經去失的誠信。

　　劉秀是安徽農村的農民。1996 年，她聽說溫州的皮鞋廠對用來拋光鞋面的布輪需求量很大，利潤也不錯，就帶著自家人辦起了做布輪的小作坊。東西做出來了，劉秀就帶著布輪去溫州推銷。她去的第一家是溫州泰馬鞋廠，很順利地做成了生意。溫州人做生意的習慣就是一段時間結一次賬，但因為劉秀要錢心切，經理陳海永破例馬上支付給了她現金。

　　生意這樣做了幾次以後，劉秀覺得再像這樣一送去貨就要錢，確實不好意思了。於是第四次送貨過去後，她對陳經理說：你寫借據給我就行了。經過 6 年的努力，劉秀的客戶已有 20 多家了，她也早就習慣了拿欠條結賬的方式，而且因為彼此信任，有的客戶甚至一年才結一次賬，憑證就是這些借據。這些借據成了劉秀的命根子。

　　可 2002 年 10 月底的一天，劉秀的包在回家的長途車上丟了，裡面裝著一年來 20 多個客戶打的 36 張借據，一共 134000 人民幣。劉秀瘋了似地到處尋找也沒找到。

　　劉秀做布輪的利潤薄，一年下來撐死也賺不到 2 萬人民幣錢。丟的這 13 萬借據是她這 6 年來省吃儉用的全部心血啊，說沒就全沒了。沒有這 13 萬塊錢，意味著自己要傾家蕩產了。

　　但劉秀還是硬著頭皮去溫州，一家一家上門重新補開借據。

　　劉秀的第一個目標是較為傳統的泰馬鞋廠，經理老王知道情況後說：「借據丟了？多少貨沒結賬？誰收了貨就叫誰補吧。」劉秀沒想到「要債」居然這麼輕鬆，心裡一陣狂喜，馬上就去財務室補了條，領了錢。

劉秀打鐵趁熱。緊接著又一口氣跑了四家大型鞋廠。這些鞋廠因為都有存底或電腦記錄，所以不費一點周折，或給她補了借據或付現款。一上午，劉秀就收回了 3 萬多塊錢的損失，臉上笑開了花。可隨即又愁成了苦瓜：因為有相當一部分借據是一些小廠開的，那些小廠的借據是隨手開的，不像大廠那樣有存底，更談不上什麼電腦記錄，他們會不會不認賬呢？劉秀下午去的第一家是位女老闆，女老闆知道她的來意後說：「丟了就丟了唄。只要貨送來了，我們承認就是，但我記不清具體金額是多少啊？」

劉秀想：不能跟她鬧翻，否則她一分錢不認你也沒法，於是說：「老闆娘，妳說是多少就是多少吧。」女老闆說：「哎，妳話不能這麼說，我們都靠做生意賺錢，都要講求個誠信。別以為妳的借據丟了我就賴妳的賬，不可能的。」後來女老闆在劉秀的提示下想起了金額，痛痛快快的將錢付給了她。劉秀的 13 萬人民幣鉅款就這樣神奇地失而復得了。

現在，劉秀逢人就說，要向浙江商人學習，學習他們誠信的品德，做一個講誠信的人。雖然浙江商人具有草根性，學歷普遍不高，但他們不虛榮、不張揚、誠信做人、以德經商、賺錢務實。

....

註3. 1980 年代末，溫州柳市偽劣電器氾濫成災，被稱為「柳市黑潮」。

註4. 1987 年，工商部門將幾千雙假冒偽劣的「溫州鞋」集中在杭州武陵廣場銷毀，被稱為「火燒武陵門」，從此「溫州鞋」名譽掃地、人人喊打。

5 不做一次生意

在浙商的商旅生涯當中，他們遭遇過困難和打擊，也遇到過無數精心安排的謊言或圈套，但他們始終篤信：遵守約定，誠信經商，定會成就大業。

浙江商人從不做「一次生意」，那種「只要每個人上我一次當，我就可以發財了」的想法，在他們看來無疑是自取滅亡。

按理說，浙商雲遊四海，哪裡有市場，哪裡就有浙江人，這種狀態就很容易實施「打一槍，換一個地方」的短期策略和流寇戰術，而實際上，浙商絕沒有這種劣跡，而且是信譽卓著，其經營的商品或服務也都屬上乘佳品，從不以次充好。為什麼？因為他們悟出了什麼是真正的經商之道，那就是誠信經商，為自己負責，為顧客負責。

因為不管是把事情推給別人，還是歸咎於環境，自己的責任仍然存在而無法消失，所以浙商從不把責任推給別人，而是自己承擔。經商做生意，賺的是人們的錢，自然要對人們負責，只要企業存在一天，就會有一天的責任，即使可以把其中的一半責任推給環境，但自己仍需負擔另外的一半責任。

為了負起自己的責任他們甚至可以傾家蕩產，可以犧牲性命。正是因為浙商在任何時候不會放棄自己的責任，所以他們在別人心中講究誠信，在商場注重合約。

有一個浙商，接到美國芝加哥一個公司 3 萬個餐具的訂貨單，雙方商定的交貨日期是 9 月 1 日。這個商人必須在 8 月 1 日

從本港運出貨，才能在 9 月 1 日如期交貨。

但是，由於一些意外事故，商人沒能在 8 月 1 日趕製出 3 萬個餐具。這位浙江商人陷入了困境，但他絲毫沒有想要要求延期交貨並表示歉意，因為這本身就是違背合約，不符合浙江商法，並且也是逃避責任的做法。後來，這位浙江商人花鉅資租用飛機送貨，3 萬個餐具如期交貨了，這位浙江商人因此損失了 1 萬人民幣。

雖然有所損失，但是這一行為卻讓芝加哥的客戶看到了他們的誠意，也看到了他們的誠信，後來一直與其保持良好的關係，還經常介紹一些美國的商人給他們，這位浙商也因此賺了很多錢。

不逃避自己的責任，自己的責任自己負，這是浙商處世為人的原則。也正是他們這樣做了，浙商才在世界上贏得了良好的聲譽。

浙江商人篤信一件事：浙商生活在哪裡，就應該在哪裡生根。他們不但誠信經商，更與非浙商和諧相處，甚至用自己的財富和實力去幫助去庇護浙江人。他們相信，只有以誠相待，取信於人，就不愁沒有錢賺，就不愁不成功。

6 重信守約，堅守承諾

浙江商人重信守約的作風成了中國商業活動的典範，各地商人與浙江人做交易時，對對方的履約有著最大的信心，而對自己的履約也有最嚴格的要求。浙江商人的這一素質可謂對整個商業世界影響深遠，真正是「無論怎樣評價也不過分」。

下面敘述一個事例來說明實際經營中浙江人信守合約，究竟到了什麼程度。

有一個浙江老闆和雇工訂立了契約，規定雇工為老闆工作，每一週發一次工資，但工資不是現金，而是工人從附近的一家商店裡購買與工資等價的物品，然後由商店老闆結清賬目領取現款。

過了一週，工人氣呼呼地跑到老闆面前說：「商店老闆說，不給現款就不能拿東西。所以，還是請你付給我們現款吧。」

過一會兒，商店老闆也跑來結賬了，說：「貴處工人已經取走了東西，請付錢吧。」

老闆一聽，給弄糊塗了，反覆進行調查，但雙方各執一詞，由於毫無憑證又誰也不能證明對方說謊。結果，只好由老闆花了兩份開銷。因為唯有他同時向雙方作了許諾，而商店老闆和該雇員並沒有雇傭關係。

浙江商人首先意識到的是守約本身這一義務，而不是守某項合約的義務。他們普遍重信守約，相互間做生意時有時連合約也

不需要，口頭的允諾已有足夠的約束力，因為他們認為有「老天爺聽得見」。

另外，我們也可以從側面看出浙江商人的重信守約給他們帶來的積極效果。

我們都知道，大多數的浙商都是通過小生意做大發家的，而做小生意最重要的就是拉攏更多的「回頭客」，正是浙江人的重信守約，才會讓他們從一個小作坊、小攤位，走向今天的大公司、大企業。也正是憑著這一點，浙江商人才游刃有餘地縱橫於世界商海之中，並充當了商業世界經濟秩序的台柱。

浙江商人是一群重信守約的商人，特殊的社會、歷史環境中形成恪守律法的地區特性，又使得他們具備了現代商業運作中不可或缺的信守合約的商業意識，這也是浙江商業文化底蘊中一塊堅厚的歷史基石。在他們看來，契約是不可毀壞的，相當於西方人的《舊約》就是上帝與人類之間訂立的「古老契約」。而現代意義上的契約，在商業貿易活動中叫合約，是交易各方在交易過程中，為維護各自利益而簽訂，在一定時限內必須履行的責任書。

在中國商界中，浙江商人的信守合約是有口皆碑的。在他們看來，毀約是絕對不應該發生，也是不可寬恕的。契約一經簽訂，就得設法遵守。很多作家筆下的浙江商人，在讀者心中或許是一個老謀深算、十分有城府的精算家，但從另一方面講，正是在說明浙商對待商業合約的重視。

浙江人的經商史，可以說是一部契約簽訂和履行的歷史。浙江人之所以成功的一個原因，就在於他們一旦簽訂了契約就一定會執行，即使有再大的困難與風險也要自己承擔。他們相信對方

也一定會嚴格執行契約的規定。

　　簽訂契約前可以談判，可以討價還價，也可以妥協退讓，甚至可以不簽約，這些都是我們的權利，但是一旦簽訂了就要承擔自己的責任，不折不扣地去執行。

好風憑藉力
借別人的勢經營自己

「做好『借』字文章，做好『聯』字
文章，借腦袋、借人才、借智慧、借
資金，我覺得絕對是聰明的做法。」

正泰集團董事長　南存輝

做 生意要懂得借勢而為，乘勢而起。在生意場上打拚的浙江商人，借力是他們經商成功的法則之一，其形式多種多樣，但最終目的是為了利用他人的力量優勢，支撐起自己起跳的支點。

1 聞風而動，借風而行的浙商

研究表明，一隻蝴蝶的平均壽命是 1 個月，如果牠從南京飛到北京，需要 6 個月的時間，那怎麼才能夠實現這一願望呢？答案很簡單，先飛到一列南京開往北京的列車上，利用列車這個載體，就能輕而易舉地做到。

這就是借勢。作為一個商人能夠明勢固然重要，但真正聰明的商人還應該會借勢。如果認準了大勢，但自身的力量太單薄，這個時候就需要借勢。就是借別人的力量、金錢、智慧、名望甚至社會關係，用以延伸自己的手腳，提高成功的幾率。

浙商就是這樣一群聰明的商人，他們把這種借勢比作「狐假虎威」，老虎其實就等同是成功人士，既有實力，又有知名度，狐狸借助老虎的力量來擴大自己的影響力，實在是好主意。狐狸讓老虎跟在牠屁股後面在森林裡面溜達一圈，狐狸不就一夜成名

了嗎？而如果你想儘快地成功就必須有一個良好的載體，也就是說你想儘快達到成功的目的地，就必須「借乘」一輛開往成功的快速列車。

雲遊四方的浙江商人多從事家族式的生產與經營，而維繫他們的則主要是血緣關係和地緣關係。二者強大的向心力不僅促使他們同風雨共患難、協力掘金，而且還利用鄉情網路的管道，將產品銷往海內外。先造鄉情大船，再「借」船出海，這是浙江民營企業走向世界最初的形式和特點之一。

溫州打火機最初打進國際市場就是因為「借勢」，這是從溫州打火機生產商和一個定居香港的溫商的親密接觸開始的。

李中方在香港與內地之間往返時發現了家鄉的打火機，便帶了一些到香港，結果被搶購一空。於是，李中方回到家鄉後，和他的兄弟每天批發 10 多萬只溫州打火機，在香港市場銷售並向國外市場輸出。這就帶動了溫州打火機行業的蓬勃發展，通過鄉情溫暖的手，通過香港這個大跳板，溫州打火機很快進入了國際市場。

借助鄉情網路開拓國際國內市場並大獲成功的例子絕不只打火機，服裝、鞋帽、小商品等這些在浙江有優勢的行業，基本上都是借鄉情之船，暢遊於國際市場。

長期以來，浙江商人都是哪裡有生意，就往哪裡去。其經商特點就是聞風而動，借風而行，只要有「勢」可借，滿世界都可以成為他們經營謀利的地方。如果他們聽說上海有家門店要出

租，浙江人會從各地趕去察看一番，問一問房租，看一看地勢，想一想經營什麼合算。

　　借大經濟之身發展自己的小經濟，並由小而大，可以說是浙江企業的基本發展模式。一些浙江知名企業最初就是靠著直接依附於國內或國外大企業求得了發展，這當然也是借力而行，用他們自己的話說，這叫做「站在巨人的肩膀上」。

　　王金祥就是借助大企業之品牌發展起來的著名浙商。2002 年初，因與其他股東有分歧，王金祥退出了擁有三成股份的一家鞋廠的管理層。看著分到的廠房，他沒有馬上利用自己眼前的這點資源設廠開工，而是作了長遠的打算。他清醒地看到，製鞋業此時已初現疲軟，大家都在精心算計著如何挺過市場的寒冬。

　　從當時的情況看，有兩條道路可供王金祥選擇：一是自己創建品牌，二是借用名牌。王金祥算計：雖然自己創建品牌是個好想法，但是並不現實。憑著自己 1200 萬人民幣的投入孤身創業，從零開始，巨大的投入與市場風險顯然難以承受，縱然能夠打出知名度，但消費者的認知度與忠誠度等在短期內也是無法建立的，而這恰恰是消費者購買行為的關鍵。而且，靠著 1200 萬人民幣創立品牌，速度顯然不會快。由此出發，他想到了「借勢」的方式。

　　想到這，他的腦海裡突然浮現了擁有鞋業第一個馳名商標[註5] 的行業老大——青島雙星集團。如果能借「雙星」之力，自然是求之不得。「雙星」當時的產品是旅遊鞋和膠鞋，王金祥覺察到，皮鞋生產是「雙星」的空缺。雙星集團產品結構的這一空白在王金祥來看，可以說是上帝送給他的機遇，令他興奮不已，甚

至沒有過多考慮雙方在實力上的巨大差距。在一位同鄉的「推薦」下，王金祥壯著膽子撥通了雙星集團總裁汪海的電話，提出了合作要求。

汪海果然很感興趣，數天後便派人考察王金祥的鞋廠。然而事情並不像王金祥想像的那樣順利，儘管他心情激動地向考察者描述自己的合作理想，但考察者很是猶豫不決，因為他們認為王金祥既沒有生產線，也沒有銷售網路，有的只是理想，因而婉言辭拒：「『雙星』是全廠上下用十多年的心血澆鑄的名牌，一旦有閃失，怎麼向員工和顧客交代？」

看來合作要泡湯了，王金祥並不放棄，決定親赴青島，面見汪海直述。

這一次，王金祥抓緊時間闡述自己打造「雙星」皮鞋的理想，說得汪海很興奮，高興地拍著王金祥的肩膀說：「咱們說定了，『雙星』皮鞋就交給你來做！」在雙星集團參觀數天，協定擬好後雙方簽署了合約，王金祥交出了自己的 1000 多萬人民幣，買斷了雙星皮鞋及兒童皮鞋 6 年的經營權。

回到浙江，王金祥很快就註冊了「溫州雙星皮鞋銷售公司」，以「雙星」響噹噹的牌子為後盾，王金祥腰板很硬，開出了很苛刻的合作條件。不到兩個月，王金祥就發展了 20 多個實力代理商，公司的銷售網路迅速地搭建了起來。

雙星皮鞋的前期市場工作基本完成，王金祥也為他這個精心策劃的項目作了一個階段性的結論：「現在我可以說沒有任何風險了。」

接下來的半年裡，「溫州雙星」的銷售量達到了幾十萬雙。在當時全國鞋業下滑的情況下，這可是新起的品牌中銷售數量最

大的公司。

在接受記者採訪時，王金祥這樣描述了自己「借勢」的策略：第一步在全國建立代理商制度，經營雙星皮鞋；第二步收購當地一條設施、管理先進的皮鞋生產線，加工雙星皮鞋；第三步實現「貼牌」經營。在後來有了實力以後，王金祥成立了專門的研發部門，由研發部門派樣給貼牌廠生產，使自己的產品更有特色，更貼近市場，更吸引顧客。

經過幾個月的操作，他已收回了大部分投資。除了要付商標使用費給青島方面之外，王金祥的投資並不大，光收預付貨款，就已經收回了除了買斷品牌之外的投資，他的「借勢」策略無疑是成功的。

「借別人的力發展自己」，不僅是浙江人過去的經商戰略，現在的浙江商人仍然在用。任何時候，「借勢」的策略都不過時。時代總是在發展，社會總是在進步，經過幾十年的努力，浙江人在實力上已經有了長足的進步，逐漸擺脫了經濟、技術捉襟見肘的窘境，也逐步脫離在國內經濟中扮演的配角角色，他們已擁有了一系列自立自強的生產行業。但縱然是形勢發生了巨大變化，「借風而行」的意識仍在，「借勢」的策略仍然在不同的時期發揮不同的作用。

......

註5. 馳名商標是一個專有的法律概念，指那些在市場上享有較高聲譽、為相關公眾所熟知，並且有較強競爭力的商標。

② 在合作中實現「借勢」

合作的目的是什麼呢？當然是想優勢互補，共創財富。浙江商人就有合夥創業、聯合投資的習慣。當他們完成了原始積累，就集中資金、人才及技術，自發地做起股份合作，股份合作的結果是，通過互相借力的方式加快了他們的資本積累。

合夥創業和經商是浙江商人的一種重要策略。溫州、台州一帶最初的民間企業，用當地人的話說，主要是「拼股」辦起來的。因為創業是需要資金的，而作為收入甚微的農民，創業的費用對他們來說幾乎是一筆鉅款。對農民而言，集體之路不通，因為它缺乏效率；一家一戶辦企業也不行，因為資金不足。

於是他們就想出了「拼股」這條路，就是把分散在各家少量的錢集中起來，辦一個小型企業。這種合作，也是一種借勢的行為，因為借助彼此，大家都能夠富裕起來，也不失為一種好辦法。

但浙江人聯合投資，有時錢不夠並不是主要的原因。對於許多項目，一家獨自做，錢也夠用。但他們有合作的習慣，喜歡聯合做一個專案，而且善於合作。因為在他們看來，大家有各自的優勢，如果能合作，定能發揮更大的作用，會有更大的成就。

比如一個專案，所有的合夥人都給予肯定，達成共識，共同努力，肯定能成功。除了集體的智慧和判斷，天南地北的資訊也可以湊到一起。缺某方面的人才，有人推薦，大家比較著選定。需要疏通某方面的關係，你不熟悉他熟悉。這就叫資源的「優化組合」。再說，萬一企業有個閃失，如果就一個人，那就很難翻

身了。但是如果合夥，那風險就大家擔著，誰也不會傷筋動骨。

　　合夥創業能聚合和整合不同的資源，這種借勢行為對於創業者來說，是一種很可行的辦法。同時，作為創業者還要學會充分利用和調動這些有利因素，使其能最大限度地為創業活動提供援助。

　　合夥創業，互相借勢是有好處的：如資金的壓力較小；創業期間千頭萬緒，合夥人則可以分工合作，順利展開經營活動；合夥人可以取長補短，並各自負責特定的工作；如此便可以承擔較大的市場壓力與風險。

　　以合作的方式來達到借勢的目的，是一種技巧、一門藝術，也是一項專業。處理得好大家發財，處理不好反目成仇。為此，富有創新精神的浙江商人提出了「將合夥當作談戀愛」的觀點，以此來溝通合夥人之間的感情。

　　也就是說合夥人之間要像遷就戀愛對象那樣善待彼此；要有良好的心理承受能力和面對挫折永不氣餒的頑強意志；最後，要時刻想著對方，要注意進行良好的溝通。

　　如果能做到上述的要求，就會實現 1 加 1 大於 2 的效果，如此，借勢就成功了。

③ 會借也要會用，優勢互補是上策

在「中國的矽谷」中關村，提起浙江人柳傳志和他所創立的
「聯想」恐怕無人不知，無人不曉。的確，百億人民幣的年銷售
額，上億人民幣的身家，這都不是一般人能輕易達到的財富高
度。做生意能取得如此成就，頭上的光環自然就多，但在這光環
籠罩之下的，是他不平凡的創業和發展歷程，其中最為他自己慶
幸的就是在聯想創業之初，就「借」到了一塊金字招牌。

聯想集團公司的前身，中國科學院電腦技術研究所新技術發
展公司（以下簡稱電腦研究所）於 1984 年成立。浙商柳傳志和他
的同學在這裡開始了經商賺錢之路。

當時的聯想是一家地道的國營企業，因為投資少、規模小，
其實投資者並沒有指望這麼個小公司能幹出什麼大事來。但這個
小公司有個明顯的優勢，那就是「國企」，對於剛剛誕生的這個
小企業來說卻是至關重要的。

柳傳志他們非常清楚，國營企業在很多方面都具有民營企業
不可比擬的優勢，正是基於這一點，柳傳志才能發揮自己的優
勢，用活用足政策，把聯想這樣一個名不見經傳的小企業發展成
一個舉世矚目的大企業。

成立之初，柳傳志和創業同事們向所裡提出要三權：第一是
人事權，所裡不能往公司塞人；第二是財務權，公司把該交國家
的、科學院的、計算所的資金上繳以後，剩下的資金支配所裡不
過問；第三就是經營決策權，公司的重大經營決策由自己做主。

　　雖然投資不多，但在柳傳志的要求下電腦研究所將三件寶交給公司，其中一塊就是「中科院電腦研究所」的金字招牌，這是電腦研究所新技術發展公司重要的無形資產，有了中科院電腦研究所這塊國內電腦界的頂尖招牌，對公司發展業務無疑有很強的支持作用。因此，柳傳志一直到 1988 年還在強調「我們是國有企業」，那是一塊「金字招牌」，他們清楚地算計到了這個優勢，也在這上面做足了文章。

　　在當時的條件下，國有企業最大的好處是貸款容易、稅收優惠以及有商業信譽等，其實這已經是很大的優勢了。回顧聯想集團的發展歷程，「國有」優勢的發揮，在聯想發展的關鍵時刻往往起了重要的作用。

　　柳傳志曾直言不諱地說：「1988 年我們能到香港發展，金海王工程為什麼去不了？因為它是私營的，而我們有科學院出來說話：『這是我們的公司。』」香港聯想開業三個月就收回 90 萬港元的全部投資，第一年營業額高達 1.2 億港元，「國有」的優勢體現得很明顯。甚至在企業發展的後期，聯想還一如既往地享受著「國有」的恩惠，與政府成功地合作、開發並實施了諸多的合作專案。

　　一次，中國科學院進口了 500 台 IBM 電腦要配給其所屬的上百家研究院。柳傳志得知後，天天跑中國科學院。新技術公司有很多人曾經參與過國家大型機的研製，很有實力，加上大家的努力，一趟一趟地跑，終於感動了中科院，於是科學院把這 500 台電腦的驗機、培訓、維修的業務交給了聯想。

　　聯想就這樣迎來了第一筆大生意。這筆業務雖大，但做得非常不容易，做完之後，扣除 3％ 的成本，只剩下 1％ 的利潤，但

是，由於他們服務、培訓等工作做得非常出色，得到了用戶的好評，最終把他們的服務費漲到了 7％。於是終於賺到了公司的第一桶金——70 萬人民幣。

第一桶金的掘得不僅靠公司自身的知識和技術，也依靠了中科院這個背景，而這兩點優勢在中科院計算所新技術發展公司的創業過程中，起了重要的作用。

雖然人生得意、財源滾滾是每個人的夢想，然而，卻不是每個人都能輕易得到的。這是因為個人的力量有時候太渺小了，以至於單憑一己之力幾乎無法實現。但這時候如果你懂得借路而行，就可以做到以小搏大。人生是這樣，經商也是這樣。在生意場的打拚中，借力是一種重要的方法，其形式各種各樣，但最終目的都是為了憑藉別人的優勢完成自己的目標。

4 社交中的借勢理論

都說浙江商人不僅是優秀的企業家，還是出色的社交家。對此，一個浙江商人坦言：一個真正優秀的企業家不僅執著於自己企業的追求，而且善於通過各種管道參與社會活動，以便爭取能夠調動社會資源的便利條件，從而在企業需要時加以利用。

正緣於此，絕大多數浙江商人都特別重視社交生活的擴展，注重社交能力的鍛鍊，而不是將自己封閉在一個小天地裡苦心鑽研。在浙江商人眼中，社會活動非常重要，因為社交中潛藏著很多的機會，比如借勢的機會。

浙江商人特別會利用時機展開社交活動，比如與客戶或朋友餐敘，以此來培養自己的社會關係網。他們重視往來酬酢的社交生活，並且深信這種社交生活有利於日後生意場上的運作，對業務也必然會有所得益。因而在浙江，如果有哪個男人整天待在家裡，那他如果不是一個醉心於鑽研技術的工人或發明家，便肯定是一個沒有前途的人。

浙江商人都會炒股，不過他們不是將炒股作為致富的途徑，而是把股市作為一個社交場所。炒股的人多是從事各種的行業，往往會把各種行業資訊帶到股市中來，有意無意間使這裡成為資訊發佈的「中心」或「副中心」。這些炒股人時常會將從這裡聽到的各種資訊帶回去，以供創業時作為參考。此外，一起炒股也為彼此間的聯誼提供了條件，這些彼此結識、熟知的炒股人之間的友情沒準什麼時候便對生意大有幫助。

浙商是善於利用政府資源和社會輿論的大師級商人，魯冠球

就是非常善於把握政府和社會資源的大師。魯冠球通過新聞媒體的大力宣傳，早已成為中國鄉鎮企業「第一人」，在那個經濟體制改革還受到各種不定因素制約的年代，這個「第一人」的名聲可以幫助他成就很多事情。

浙江商人之所以熱衷於參與政治或其他社會活動，其目的首先就是想通過社交中的借勢機會來經營自己的企業。經濟聯通著政治，政治影響著經濟，這是一個很簡單的道理。因為企業的一切生產、經營活動都是在一定的經濟政策規定範圍內進行的，受著國家政策的影響和制約。

浙江商人多半都懂得，一個國家、一個地區的政治環境的好壞，直接決定著經濟的發展狀況。了解政治，一方面能準確地把握政治東風，及時調整企業發展的戰略方向；另一方面，了解政治也能更好地促進經濟的發展。

浙江這片熱土可謂是商海橫流、英才輩出。浙江之所以獲得了這麼大的發展，與浙江商人善於借政治之勢的傳統不無關係。

正泰集團就是一個典型的例證。正泰集團早年的崛起，本身就得益於借助了政治上的支持，將出口生產的任務交給它。而它的總裁南存輝也在社會活動中頻繁出鏡、廣為人知。南存輝之所以具有較高的社會知名度，不僅在於他是國內最大的低壓電器製造商和正泰集團的掌舵人，還因為他是全國工商聯常委、中國十大傑出青年，積極投身社交活動。

在浩瀚的商海中，浙江商人由於具有更多的積極態度和參加社會活動的意識，才由小到大，由弱到強，步步壯大起來。因此，經商者要學浙商善於社交、更善於在社交中借勢的優點。

5 「經營」好自己的靠山

在攀向事業高峰的過程中，能得到靠山的扶持，不僅能縮短成功的時間，還能加大自己的籌碼。這其中的道理也是不難理解的。一個人要想取得某種成就，必須具備一定的條件，而這些條件的客觀方面也許就掌握在別人手中，假如此時得到他人的支持，勢必會加速一個人的成功，有時甚至決定著一個人的命運。

有時，沒有靠山難成氣候，但要想經營好自己的靠山，還要有心人費點心思，浙商胡雪巖就深諳這其中的利害關係。

胡雪巖（1823～1885 年），原名胡光墉，小名順官，字雪巖，祖籍安徽績溪。自幼家境貧寒，沒等長大成人，父親胡鹿泉便撒手人寰。為了養家糊口，胡雪巖不得不到杭州城的信和錢莊當學徒。

胡雪巖進錢莊學生意，是從掃地擦桌、打水倒尿等雜役做起，由於他聰明機敏，能說會道，很受東家的賞識和信任，三年師滿之後，就成了這家錢莊的夥計。

如果這個時候的胡雪巖，安於現狀，或許十多年後便會小有家產，然後娶妻生子，也可安度一生。然而，素來胸有大志的胡雪巖並不安於現狀，他從小就懷有建立非凡之功的抱負，只是苦於身分卑賤，沒有本錢，而無法實現這大抱負。因此，他總是瞅準時機準備做一番大事業。

胡雪巖深知「朝裡有人好做官」，尤其在晚清「官本位」的社會，做事不能沒有自己的靠山，沒有靠山就沒有了依靠，而沒

有了依靠，是做不成大事業的。

好靠山必須官大權重，但僅僅憑他一個錢莊小夥計的身分，要想與官吏拉上關係是非常困難的。但胡雪巖的過人之處就在於，一般人都是眼睛向上，只盯著那些正紅得發紫的官員，而他則眼光向下，找那些雖處低位但卻深具潛力的小官。

這些小官有前途但沒錢，如果能在適當的時機幫他們一把，他們自然把胡雪巖看成是恩人，一輩子都記著他。有朝一日，等這些小官發達了，「滴水之恩當湧泉相報」，胡雪巖自然也會跟著有好日子過。蒼天不負有心人，胡雪巖終於發現了可以實現夢想的階梯——王有齡。

王有齡，字雪軒，出身於官宦世家，福州人，其父為浙江候補道，居住在杭州一住數年，沒有升遷調任過，王有齡就隨父寄居杭州。

由於境況不好，而且舉目無親，王有齡整天無所事事，空懷一腔重整家道的宏願，每天在一家名叫「梅花碑」的茶店裡打發時間。

三十幾歲的人，落魄潦倒，無精打采，叫人看了反感，可架子還不小，總是目中無人，那就更沒有人願意搭理他。只有胡雪巖例外，略通麻衣相術的胡雪巖，發現王有齡是個大富大貴之相，特別是通過與王有齡的攀談，胡雪巖瞭解到王有齡的身世，雖然目前落魄不羈，卻出身官宦世家，便認定此人將來定會發達。胡雪巖敏銳地意識到，此人乃自己躋身上流社會的絕好階梯，胡雪巖絕不會輕易放棄眼前這個千載難逢的機會。

這天下午，正趕上杭州城一年一度的清明大集，原本生意冷淡的茶樓擠滿了人，胡雪巖去的時候，茶客滿座，店小二只好將

他和王有齡「拼桌」。兩人直喝到太陽西下，肚子早就餓得咕咕直叫。於是胡雪巖對王有齡說：「走，我請你去擺一碗。」「擺一碗」是杭州的土語，意思是小飲幾杯。

王有齡雖婉言謝絕，但招架不住胡雪巖的再三相邀，兼之饑腸轆轆，很長時間沒見著葷腥了，也就答應出去「擺一碗」。

酒足飯飽後，王有齡開始大吐苦水：「不瞞你說，先父在世之日，曾替我捐過一個『鹽大使』之職。」

胡雪巖最是機敏，一看他的神情，就知道此話絕非虛言，趕緊笑道：「哎喲，原來是王老爺，失敬，失敬。」

但細問之下才得知，原來當年王有齡捐官只是捐了一個虛銜，如果想要補缺，必須到吏部報到，稱為「投供」，然後抽籤分發到某一省候補。

王有齡又說：「如果家境再寬裕一些，我也想『改捐』一個知縣。鹽大使正八品，知縣正七品，雖然改捐花不了多少錢，那出路可就大不一樣了。」

「為什麼呢？」胡雪巖不解地問道。

「鹽大使只管鹽場，雖說差事不錯，不過卻沒什麼意思。知縣雖小，終歸是一縣的父母官，可以好好做一番事業。再說，知縣到底是正印官，不比鹽大使，說起來總是佐雜，又是捐班的佐雜，到處做『磕頭蟲』，與我的性格也不相宜。」

「對，對！」胡雪巖邊聽邊點頭，「那麼，這樣一來，需要多少『本錢』才夠呢？」

「總得五百兩銀子吧。」

五百兩銀子在當時不是個小數，胡雪巖一年的工錢才不過二十兩銀子。但此時胡雪巖的內心卻樂開了鍋。因為，胡雪巖很想

在王有齡虎落平原之時，助其一臂之力，一旦王有齡能夠發跡，即可成為自己的靠山。但是，錢莊這一行最忌諱的便是私挪款項，更何況胡雪巖此時僅僅是錢莊裡的一個夥計。一旦胡雪巖擅做主張將這筆款項轉借給王有齡，不但會壞了他的名聲，而且很有可能砸了自己的飯碗。

對於錢莊這行來說，由於壞了名聲而被老闆炒魷魚的夥計是很難再在這一行立足的。因此，如果胡雪巖將這筆款項轉借給王有齡，就等於是拿自己一輩子的命運作賭注。對於常人，這實在是一個難以下定的決心，然而胡雪巖畢竟不同於常人，為了經營自己的官場靠山，他「知其不可為而為之，知其不可賭而賭之」，毅然決定借款給王有齡，資助他進京「投供」。

絕望之中的王有齡見胡雪巖主動提出借錢給自己，真是喜出望外，感激涕零。

第二天下午，在他們倆約定好的茶樓，胡雪巖鄭重地將一疊銀票塞到王有齡手上，說道：「王兄，這五百兩債款乃小弟借給王兄以資『投供』所用。」然後又從身上摸出了十多兩散碎銀子交給王有齡，「這是我平素私下的積蓄之財，送給王兄，權作路費，請王兄收下。今日一別，不知何時再能相見，祝王兄此去平步青雲，前途無量。」

王有齡望著手裡的銀票和散碎銀子，忍不住心頭一酸，淚流滿面、聲音顫抖著對胡雪巖說：「光墉兄，我不過是市井一個賤民而已，何故如此待我，令我好生羞愧。日後倘若飛黃騰達，必將湧泉相報。如果不嫌棄，今後咱們就以兄弟相稱，你看可好？」

「太好啦，雪軒兄！」胡雪巖馬上改口稱呼，心中的歡喜自

是可見一斑。

但就在王有齡打點行李準備啟程的時候，胡雪巖正因私自借錢之事而大受牽連，故二人未能話別，令王有齡好生遺憾。

原來胡雪巖自作主張把錢莊的銀子轉借給王有齡，並主動向總管店裡業務的「大夥」和盤托出，消息一下子傳播開來，東家指責他擅自作主張，目無尊長，如若每個夥計都這樣做，豈不是要把錢莊搞垮，這時，那些平時就特別嫉妒胡雪巖機敏過人、辦事能力強的人，便借此機會向老闆進讒言，說胡雪巖肯定是賭博輸了錢，無以為計，便找藉口挪用這筆款子以還賭債，一時間謠言四起。

因為當時一個人一年的生活用度大約也就是十來兩銀子，五百兩銀子實在不是一筆小數目，胡雪巖最終被東家掃地出門，而且再無人敢用他，生計陷於困境。

而後來事情的發展，也正如胡雪巖之前所料。王有齡在京城吏部順利地「加了捐」，返回浙江後，被提名擔任「海運局」的坐辦。這是一個專門負責管理江南糧米北運進京的肥缺，王有齡很快就「發」了起來。

喝水不忘掘井人，王有齡也算是個有良心的人，每當他開遊品茗時，就想到了胡雪巖，想到了是胡雪巖使他從杭州城一名落魄公子發跡到今天的地步，沒有胡雪巖哪有自己的今天？他決意要好好報答自己的大恩人。而且王有齡還聽說，胡雪巖當初為了幫他，將錢莊的差事丟了，生活沒有著落，心裡更覺有愧。幾經周折，終於在杭州城裡找到了胡雪巖。

從此之後，胡雪巖依靠王有齡這棵大樹，自立門戶，並且開始在官與商之間如魚得水，游刃有餘，走上了官商的通途。

如果沒有胡雪巖的鼎力相助，王有齡將會永無出頭之日，而沒有王有齡的支持，胡雪巖也不可能在商場迅速崛起。而且，胡雪巖在幫助王有齡的時候，他們之間應該說還是素不相識，胡雪巖也並不能確切地知道王有齡是否一定就有日後的發達，考察他當時的處境，這一舉動無異於一場令人驚詫的人生豪賭。然而，正是因為有了最初「知其不可賭而賭之」，才有了後來世人矚目的「紅頂商人」。

當然，如何「經營」自己的靠山，是有許多學問的。例如，怎樣去對待那些急需要幫助、暫時有困難的人？你可以置之不理，不管他死活，你也可以熱情相助，以圖回報。前者目光短淺，後者目光遠大。假如一個處於窮困潦倒的人受到你的幫助，他在成功的時候，最容易記住和報答的就是你。

6 看好政治晴雨表，順勢而行

企業要做強、做大，必須看好政治環境，順勢而為。這裡所說的政治環境，就是浙商可以借的「勢」，能夠明勢固然重要，但浙商還會「順勢而為」。他們認準了大勢，但自身的力量太單薄，這個時候他們就會「借勢」。也就是借別人的優勢，用以自己的不足，正所謂借他人之光照亮自己的「錢」程。

孔明最讓人佩服的一個戰爭策略就是「借」。先借力、借勢於東吳而擊敗曹、魏，算對吳有貢獻，以此為籌碼「借」得荊州，並以荊州為基礎定成都、進漢中，形成三足鼎立之勢。後來的「安居平五路」，更是借助各敵對方的矛盾和友方威勢，以牽制來犯者而成功。

在自身條件不齊全的情況下，用借的方式是成本最低成效最顯著的方式，如李白詩中所寫「朝辭白帝彩雲間，千里江陵一日還。」而蘇東坡坐船回老家，和李太白走同一條路，卻整整花了三個月。差別這麼大的原因就是一個是順水，一個是逆水。

經商也一樣，如果不看好政治形勢，逆勢而行，不僅不會賺錢，還會有賠錢的可能。浙商對這一點的認識很深刻，所以他們一向是看好政治形勢，順勢而為。

喜之郎集團目前的生產規模和銷售量均已躍居全球第一，年銷售額已達 15 億人民幣以上。喜之郎能夠創造行業奇蹟的一個主要原因就是，順政治之風，恰逢其時地吹進市場。

一般來說，創業者在創業之初都要經歷一段市場啟蒙期，然

後進入高速成長期。在市場啟蒙時期，是需要大量費用的，沒有一定的實力很難承擔。而且，用巨額資金轟開的市場，會吸引大量的跟隨者，一旦把握不好，便會被人搶走勝利的果實。

1985 年，中國國內出現了首家果凍生產企業——天津長城食品廠。之後，深圳市瓊膠工業公司以老二的身分也推出了 SAA 牌的果凍。從那以後，各地的果凍生產廠家開始大批湧現，家庭果凍作坊呈現了遍地開花的局面。

喜之郎的創始人李永軍，敏感地意識到了果凍市場的巨大潛力，果斷地與兄弟李永良、李永魁一起籌集了 40 萬人民幣資金，進入尚處於高速成長期的果凍產業。

創業初期的喜之郎能夠避開果凍市場的啟蒙時期，選擇在市場的高速成長期進入，等於搭上了便車，輕而易舉就獲得了成功。

商海形勢無時無刻不在變化，能在變化中明哲保身的人，好比在紛爭面前獨善其身。能夠在變化中找準形勢，並且借勢而為，是浙商在歷史沉浮中不被淹沒的原因之一。

穩中求勝是上策
未雨綢繆留後路

「我們做任何一件事首先要考慮好，
這件事情徹底砸了，對我們公司會怎
麼樣？做最壞的打算。對公司有影
響，只要不會傷筋動骨，咱們就
幹！」

宋城集團董事長　黃巧靈

作為一個優秀的商人，必須兼有男人的膽大與女人的心細兩種特性。膽量大的人喜歡高瞻遠矚，但如果沒有心思周密做後墊，就是魯莽冒失，最後很可能慘敗得無路可退。而浙商在膽大的同時，成功地做到了心細，他們經商求穩、求長，向來都是做最好的準備，做最壞的打算。

1 經商要穩，先盤算後動手

有很多商人脾氣急，這就很容易犯經商投資的大忌 —— 輕率、易衝動、無計畫，一旦冒失行事，結果可想而知。

生意場上，如果讓剛愎自用左右了自己，就會導致投資方向出現錯誤。浙商卻不同，他們在任何情況下，都有清醒的頭腦，遇到問題懂得冷靜而客觀地分析，如果覺得自己沒有把握，就會請專家或組織智囊團來解析情況，從來不會因為一時性急而感情用事。莊吉集團的發展就印證了做生意中先盤算後動手的重要性。

「莊重一身，吉祥一生」，如今莊吉的這句廣告語已享譽大江南北，但最初「莊吉」兩字只是一個沒有意義的詞語。莊吉集團在經過仔細思考和盤算後，決定重新設計商標，改進視覺形

象，用賦予豐富文化內涵的概念提升品牌，重新定位產品。

　　莊吉西服原來是以中低檔產品批發加工為主，而當時浙江90％以上的西服企業都是這種狀況。意識到這樣的現狀，莊吉毅然轉向，瞄準浙江服裝業的最高點，走向高檔西服、連鎖專賣的經營模式。生產企業不承擔流通領域的風險，這是自古以來的定例。而莊吉集團卻承諾，只要經營商按公司要求統一去經營，不管產品屬於換季，還是賣不出去，公司都給予 100％退貨，這樣，經營商就沒有一點風險了。

　　經過盤算後動手的戰略很快便得到了市場的肯定，在不到兩年的時間裡，莊吉一躍成為溫州服裝行業的領頭羊，先後榮獲浙江省著名商標、浙江名牌產品、中國十大男裝品牌等榮譽，並進入全國服裝行業百強行列，在全國建立了 200 多家專賣店，還投資幾千萬人民幣在平陽建立了佔地百畝的工業園區。健全的決策制度是莊吉集團的制勝法寶，莊吉集團的重大決策必須通過董事會，這充分保證了企業的理性決策和穩步發展。

　　浙江華峰氨綸股份有限公司的發展壯大，也體現了在經商中先盤算後動手的必要性。1994 年，隨著溫州鞋業的蓬勃發展，生產鞋子的廠家如雨後春筍般迅速增長，用於生產鞋底的重要原料聚氨酯也開始緊俏起來。於是，華峰集團總裁尤小平帶領著員工吃苦耐勞，籌集到 2000 萬預案資金，請人打造了一條年產 3000 噸的聚氨酯鞋底原液生產線，從而衝進了當今最先進的高分子產業。

　　到了 1997 年，他帶領的華峰集團產值達 2 億多人民幣，產品

供不應求，企業決策層提出投入鉅資購置聚氨酯革用樹脂生產線，可當時正值亞洲金融危機爆發，企業普遍都不太景氣。董事會對這條生產線爭議很大，但在聽取意見後，尤小平如何抉擇？企業不加強實力就有被吃掉的危險，面對誘惑這麼大的市場，該不該出手呢？

1999 年，公司轉為生產氨綸，一種用途廣泛的新型紡織原料，由此，還建立了浙江華峰氨綸股份有限公司，此後，他又續加了幾億資金進行了五期工程技術改造，使氨綸年產能力達到 1.2 萬噸，成為國內最大的氨綸生產企業之一。

一個企業作決定前要聽取各方意見，搜集各種資訊，再根據你的明確目標，綜合做出的決斷才是理性的。而且決策不是一成不變的，要根據新的資訊和環境變化，確定如何修正和調整。當然也不排除 180 度大轉彎的可能，計畫不如變化快，就是這個道理。

2 生意未做，預測在先

　　做生意的人一定要有遠見，決策者的遠見將決定企業能走多遠。溫州經濟學會會長馬津龍曾說過：「遠見，就是在動盪中，企業有沒有因合理預見採取積極行動。在經濟繁榮的時候，所有的企業都能表現出生機勃勃的狀態，這時候還看不出遠見的價值；當經濟蕭條了，有的企業就面臨著壓力，面臨著能不能繼續生存下去的考驗，而有些企業能扭轉乾坤，繼續逢勃發展，這就是有遠見的力量。」

　　阿里巴巴在創立初期，馬雲曾在一次員工會議上表示：「阿里巴巴要在三年內衝到那斯達克。」然而，在當年年底，許多網際網路公司爭先恐後要去那斯達克上市的時候，馬雲卻突然宣佈：短期內，阿里巴巴網站不會上市。馬雲解釋道，上市並不是終極目標，在網站未有贏利收入前，阿里巴巴網站不會上市。

　　阿里巴巴的這一舉動，引來了眾多評論，有業內人士認為，阿里巴巴取消上市可能是當時美國的科技股表現不佳。還有人認為，這裡面肯定另有隱情，因為以當時公司的營收和發展來看，資金短缺依然是制約阿里巴巴發展的首要問題。然而，馬雲一一否定了這些說法。他承認阿里巴巴目前仍面臨著一些困難，但這些困難和錢沒有關係。其實，真正的原因，是因為馬雲預料到，人才的缺乏將制約企業的發展。

　　2004 年 10 月 28 日，藝龍（LONG）在那斯達克上市交易，融資 6210 萬美元；此前一個月間，財經網站金融界（JRJC）和招

聘網站 51job（JOBS）先後在美國那斯達克掛牌交易。

在這一年的 2 月 17 日，阿里巴巴獲 8200 萬美元融資。2005 年，阿里巴巴收購雅虎。人們認為馬雲融資、收購的目的就是為了上市，雅虎不僅給了阿里巴巴經濟上的支援，還包括技術層面上的支援。但馬雲還是認為時機未到，因為在此時，做大做強比上市更迫切，與其迫於競爭壓力和輿論壓力被動上市，不如不上市謀發展。

企業必須按照自己的規劃一步一步地走下去，而一旦上市，就要對投資者負責，也可能因為經驗不足而讓阿里巴巴受到資本市場的影響太大，這樣對業務發展不利。

在阿里巴巴市場佔有率越來越大，淘寶佔有率越來越大，支付寶佔有率越來越大，資訊流、物流、資金流已得到初步發展，產業鏈建立完善起來後，馬雲終於在 2007 年做出了一個重要決定——阿里巴巴 B2B 公司在香港聯交所掛牌上市，以每股 1.74 美元掛牌上市，首日收於 5.15 美元。

上市所帶來的財富效應也使阿里巴巴市值連升 3 倍，超過 200 億美元，一舉超過百度，成為中國市值最大的網際網路公司。馬雲後來說：「阿里巴巴趕上了一個好時機，在 2009 年之前的幾年都是為電子商務打基礎的階段。」

正所謂生意未做，預測在先。浙商懂得，在有了想法之後，還要及時對自己想法的可行性進行驗證，他們會在付諸行動之前，對結果進行可靠而近乎準確的預測，以便對可能的後果有充足的心理準備，並事先給自己留好後路，這就叫不打無準備之仗。

3 有膽且有識的浙商

　　膽識也就是膽量與見識，擁有膽識的人可以說是膽大心細的
人，雖然有冒險精神，但也不乏對事物的客觀評估，也就是說，
任何冒險行為都是有據可依的，並不是一種盲目衝動的冒失。

　　浙商就是這樣一群有膽有識的商人，他們很清楚商場如戰
場，想要成功，單有發現商機的慧眼是不夠的，還需要有決策的
智慧和快速的反應能力。當然，勇敢不是瞎撞亂闖，而是以自身
知識和經驗為後盾，憑高屋建瓴的遠見卓識、果敢迅猛的冒險精
神，當機立斷地做出決策並付諸實施。浙江商人很好地做到了這
一點。

　　鄭永剛在 1989 年接手了寧波甬港服裝廠——一個員工不到
300 人，虧損卻超過 1000 萬人民幣的小企業。當時的服裝廠雖然
擁有先進的設備，但主要還是為國外企業做加工。鄭永剛的到
來，給工廠帶來了翻天覆地的變化。

　　他先後註冊了「杉杉」品牌的商標，並且借錢在全國各地做
廣告，提出無形資產經營理念，建構起當時全國最大的服裝市場
銷售體系，全面導入企業形象識別系統，成為中國服裝業第一家
上市公司，建成國際一流水準的服裝生產基地。為了尋求更大的
發展空間，他還把杉杉集團的總部從寧波遷到了上海。

　　來到上海，鄭永剛加快了改革的腳步，先後割捨了早期鉅資
建立起來的行銷管道，大規模裁減行銷人員，撤掉遍佈全國的分
公司，而代之以加盟銷售體系。最大膽的是，從服裝生產加工領

域抽身而退，將銷售和生產全部外包，只負責品牌的核心運作、推廣及服裝設計。這種經營模式在中國服裝界是十分超前而大膽的舉動，而且還將市場份額第一的位置拱手讓給了競爭對手雅戈爾。

在很多人看來，杉杉把生產和銷售全部外包的做法是十分冒險的，但鄭永剛既然有這種膽量改革，也必然有他過人的膽識。他認為，品牌才是第一位的。因為在服裝行業，最關鍵的環節就是品牌行銷。生產可以購買，銷售可以控制，只有提升品牌這一價值鏈上利潤最豐厚和最關鍵環節的競爭力，才有可能成為世界級的企業。

鄭永剛認為，要想讓自己手中的杉杉走向國際市場，就要不斷提升設計、品質和品位。品牌的提升就註定了杉杉不能以量的擴張為目標，而是要以國際著名品牌集團的經營模式為樣板。於是，在不知不覺中，杉杉已經不再是一個單一的品牌概念了，而是一個擁有 21 個品牌的品牌團隊，總資產近 50 億人民幣。

在多元化的道路上越走越順的鄭永剛絲毫沒有放棄作為根本的服裝產業。相反，他堅持杉杉繼續從服裝板塊來做，要踏踏實實地繼續把杉杉和它旗下的品牌推向國際，在國際時裝舞臺上有一番作為。他過人的膽量與非凡的見識，造就了一位中國服裝業的「巴頓將軍」。

4 既要膽大，又要心細

浙商都知道，並不是所有的「冒險」都能讓自己賺到錢，很多時候，冒險會讓一個人輸得精光。要想降低風險的係數，這就需要在「膽大」的同時還要「心細」。

近幾年，浙江購房團在全國各地頻頻出擊，給人們留下了深刻的印象。人們只注意到他們「下單迅速，團體購買，出手很大，快進快出，富有視覺衝擊力」，卻很有人關注他們膽大背後「心細」的特點。

一位秦皇島的房產公司老闆佩服地說：「浙江人對市場的分析太細緻了，他們先分析秦皇島的環境要素對房地產升值的影響力，再分析秦皇島市的基礎設施，擴張了房地產升值空間，又將秦皇島目前每平方公尺 3000 人民幣左右的房價與對岸大連每平方公尺上萬人民幣的房價做比較；為了瞭解當地的生活水準，他們會到當地作深入的調查等。經過精心的分析後，最後才認定秦皇島的房價有上升的空間，決定出手拿下。」

經商需要膽大，這點是毫無疑問的，但如果沒有細心做鋪墊，則極有可能會「翻船」。冒險不是瞎撞亂闖，而是以自身知識和經驗為後盾，卓越洞察現狀的能力、憑高屋建瓴的遠見卓識、果敢迅猛的冒險精神、當機立斷地做出決策並付諸實施，如此，還有什麼不能成功呢？

有理智的大膽是冒險，無理智的大膽就是冒進。作為一個商人一定要分清冒險與冒進的關係，要區分好什麼是膽大，什麼是無知。無知的冒進只會讓事情變得更糟。

不可否認，改革開放之初那些發了財的浙江商人，「膽大」之於「心細」要多得多。但那是市場決定的，因為那個時候人們還沒有商業意識，各項法律法規也不完善。所以，市場機會多如牛毛，只要敢去撈，十個有九個都能發一筆。而現在這個市場經濟時代，如果你不仔細分析市場，就沒頭沒腦地亂闖，失敗便是註定的。

在探討中國企業成長史時，一些資料頗讓人震撼：中國企業平均壽命 8 年左右，民營企業平均壽命也就 3 年。中國很多企業之所以稍微有了規模就很快衰退掉，其中一個不能忽視的原因就是：不能正確地認識什麼是有膽識的冒險，什麼是無理智的冒進。稍微取得點成績就得意，極易做出快速擴張的決策，而且缺乏科學的戰略計畫，又不注意基礎管理，當然容易導致失敗。

「膽大還需心細」，其中還包括了無謂的風險也不能冒，這是浙商經過多少風雨之後總結出來的「心得」。

在商界，也有很多敢於冒險的浙商，但在審時度勢，覺得輸不起的時候，對於一些利潤太高、風險太大的項目，他們總是慎之又慎，甚至中途放棄其投資，他們很少涉足那些風險又大利潤又高的行業。他們一般不會對高利潤動心，因為他們知道「世上沒有免費的午餐」，伴隨高利潤的，肯定是高風險。輸不起還做，那是自討苦吃。

所以說，冒險之前，最好對自己有個清醒而客觀的認識，一定要心細地策劃和算計好，有勇氣的同時也要有謀略。想要在膽大的同時還能做到心細需要注意以下的幾個問題：

(1) 冒險投資除了看到回報率外，還要了解投資的風險大小，如果風險太大，或有一種不可預測性，投資就要小心。

(2) 對自己進行風險預測，盡可能想到所有會出現的風險，看自己是否能承受得住風險的打擊，能否輸得起。

(3) 任何時候都不要孤注一擲，不能把所有的雞蛋放在同一個籃子裡，要適當地合理投資。

(4) 好的防守即是最好的進攻，成功投資的竅門就在於避免犯不該犯的錯誤。

5 做最好的準備，也要做最壞的打算

創業經商可以說是一種投資行為，利潤和風險總是並存的。假如一項投資，做了正確的決策，就有可能賺大錢，一下子就發家；做了錯誤的決策，能挽回當然是最好，要是不能挽回，說不定會傾家蕩產。因此，經商的時候，需要考慮周全，方方面面都要慎重，尤其是作出決策的時候，一定要考慮一下可能出現的最壞後果，一來是有個心理準備，二來也好有個退路。

浙江商人林立人高中沒有畢業，就選擇了經商。21 歲時他來到深圳做文化用品生意。然後，他還做編織袋生意，生意越做越大，還因此被授予浙江省優秀青年、溫州市傑出青年代表以及納稅大戶等榮譽稱號。

他堅信自己是上帝的寵兒，生意會越做越好，但是，任何人的創業之路都不會是一帆風順的。1989 年，林立人與一家化肥公司簽訂了 1.2 億人民幣的大訂單，把編織袋賣給它下面的許多家化肥廠。條件是每只編織袋給化肥公司 4 分錢的回扣。他給這些化肥廠提供了 1000 萬只編織袋之後，發現貨款收不回來，只好停止供貨。最後，貨款無法討回，林立人只好宣告破產，第一次創業失敗了。但他沒有放棄，又一次來到了深圳。

在深圳，沒有學歷和技術的林立人只能在一家房產公司做租房仲介，空閒的時間他就炒預售屋，幾年下來，積累了六、七十萬的資本。但不幸如影隨形，後來，他在做房地產開發的時候，又把全部的資本賠光了，這是他萬萬沒有想到的事情。

1994 年，不服輸的林立人開始做起了呼叫器（BB Call）生意，短短兩年的時間，他就積累了上千萬的資本。但是，2001 年 2 月，林立人在投資 B 股^{（註6）}時，股票全部被套牢，資產縮水三分之二多。這時候他才領悟到：一個商人，自信歸自信，但絕不能沒有計畫和準備。

如今，醒悟後的林立人已經把方向確定在電子商務，經營九九加一數位相機，產品主要用於出口。

在這個世界上，任何事情都是有可能的。如果你在經商的時候，總是往好的方面去想，那麼，結果往往是差強人意。如果你能夠先做好最壞的打算，然後再努力去做最好的準備，那麼，結果往往會向好的方向發展，取得圓滿的結果。

正如大商人曾昌飆所說：「我的人生哲學是：只要敢想，努力去做，就沒有實現不了的理想。但這樣的理想是建立在自己不斷學習、不斷吸收的前提下的。就像一個蓄電池，當自己能量充沛的時候才能發出更大的光和熱。在此前提下，把最壞的底線設定好，就能一往無前了。」

做好最壞的打算，盡自己最大的努力，這是每一個浙商奉行的經商法則之一。

曾經，阿里巴巴打出了「要做 80 年企業」的口號，馬雲因此被業界稱為是「一個唐吉軻德式的瘋子」。對此，馬雲並沒有放在心上，他也沒有放棄自己的決定。相反，他和他的團隊在做好最壞的打算後，反而能夠更輕鬆面對了。

因為，他們遇到的都比他們最壞的打算要好，由此，他們的

心態都變得更積極，成功也因此變得更容易。

後來，馬雲在接受記者採訪時說：「2001 年時，有很多阿里巴巴的企業客戶都寫信來，感謝我們給他們帶去了切實的幫助。這些信我從來沒有給任何媒體公佈過，但這給了我更多的自信。所以我覺得，有時一個人做一件事不能被外界所左右。我這個人的性格裡有一點固執的因素和對變化的渴求，但這種固執是來自於經驗的不斷積累。最壞的打算讓我不怕任何艱難困苦。」可見，在做一件事之前，做最壞的打算會給人堅定而樂觀的信念。

1994 年，宋城集團的董事長黃巧靈開始建宋城旅遊區的時候，沒有幾個人贊成。但是，黃巧靈卻獨具慧眼，堅持要做。他認為，再現千年風情的宋文化主題公園，必然會引起旅遊者的興趣。

1996 年 5 月 18 日，宋城開業了！出人意料的是，開園當天就吸引了幾萬遊客，到 1996 年年底，宋城的旅遊收入就達到 4000 萬人民幣。

黃巧靈後來說：「我們是這樣把握的，第一，我們做任何一件事情首先要考慮好，如果這件事情全部砸了，我們公司會怎麼樣？如果只是對公司有點影響，只要不會傷筋動骨，我就做。」

也許有人會說，一開始就做好最壞的打算，豈不是對自己缺乏自信？既然決定做了，就只准成功，不准失敗。事實上，這種心願是美好的，任何一個經商的人都希望自己的每一項投資行為都能成功，沒有失敗。但是，不要忘記一句古話「人算不如天算」，許多時候，計畫沒有變化快，外界的因素往往會影響到決

策的效果以及事態的發展方向。如天災、政策的干擾、經濟蕭條等因素是不可能順應個人的願望的。

當這種情況發生的時候，如果你沒有做好最壞的打算，首先，你在心態上就會無法接受，從而導致你自暴自棄，還會影響公司員工的士氣，然後整個團隊缺乏抵抗危機事件的能力。其次，由於你沒有做好準備，無法在瞬息變化的社會中及時作出補救的決策，從而失去挽回損失的機會，造成更大的損失。

綜上所述，做好最壞的打算，並不是認定自己一定會輸，更不是怯懦的表現，這實際上是一個優秀的商人應該具備的為人處世的態度。冒險，又給自己留有退路；激進，卻提早想好應對措施，這種經商的態度實際上是給未來上了一道保險。

....

註6. B 股：以美元港元計價，面向境外投資者發行，但在中國境內上市的股票。

國家圖書館出版品預行編目資料

中國的猶太商人：浙商最獨特的創業經商思維 / 呂叔春編
著．──初版──新北市：晶冠，2018.12
面；公分．──（智慧菁典系列；12）

ISBN 978-986-96429-8-9（平裝）

1. 企業管理　2. 成功法　3. 猶太民族

494　　　　　　　　　　　　　　107021276

智慧菁典　12

中國的猶太商人
浙商最獨特的創業經商思維

作　　　者　呂叔春
副總編輯　林美玲
責任編輯　黃姿菁
封面設計　王心怡
出版發行　晶冠出版有限公司
電　　話　02-7731-5558
傳　　真　02-2245-1479
E-mail　ace.reading@gmail.com
部落格　http://acereading.pixnet.net/blog
總代理　旭昇圖書有限公司
電　　話　02-2245-1480（代表號）
傳　　真　02-2245-1479
郵政劃撥　12935041 旭昇圖書有限公司
地　　址　新北市中和區中山路二段352號2樓
E-mail　s1686688@ms31.hinet.net
旭昇悅讀網　http://ubooks.tw/
印　　製　福霖印刷有限公司
定　　價　新台幣299元
出版日期　2018年12月　初版一刷
ISBN-13　978-986-96429-8-9